NONFICTION
論創ノンフィクション
062

地図から消えた「沖縄農場」

空港建設で潰された千葉県三里塚の開拓村

新垣　譲

論創社

まえがき

「沖縄農場」との出会いは、まったくの偶然だった。

しょっぱなから尾籠（びろう）な話で恐縮だが、何の前触れもなく激しい便意に襲われたのは、成田市から自宅のある銚子市に向かってクルマを走らせていたときのことだった。三里塚の交差点を成田国際空港方面に直進して五〇〇メートルほど進むと空港の敷地にぶつかり、道は大きく右にカーブする。左には機内食を調理する会社が並び、右には常に見張りの機動隊員が立っている警察職員の住宅がある。

周辺の地理を思い浮かべトイレを探す。三里塚の交差点近くにはコンビニがあるが、Uターンできるような場所はない。無理やりUターンして機動隊に止められでもしたらもうアウトだ。脂汗が浮きはじめる。

あきらめて直進。切羽詰まってくる。周囲に建物はなくなり、滑走路と並行するように走る片側一車線の道が滑走路の端まで一キロメートルほど続いている。五〇〇メートルほど先に離着陸する飛行機を見渡せる「三里塚さくらの丘」という公園があることを思い出す。あそこならトイレはあるだろう。いや、でも待てよ。トイレはあったとしてもトイレットペーパーがあるとは限らない。なければアウトだ。トイレがあってしかも確実にトイレットペーパーのある場所を必死に思い出す。

道路は滑走路を過ぎると左にカーブする。この先を右に折れ坂道を登れば「航空科学博物館」がある。そうだ、あそこなら完璧だ。入場料は取られるかもしれないが背に腹は代えられない。もう一刻の猶予もない。ウインカーを点滅させて右に折れ「航空科学博物館」を目指す。駐車場の空きスペースを探すが、混雑していて少し離れた平屋建ての白い建物の前にクルマを停める。クルマを降りて改めて確認すると、平屋建ての白い建物には「空と大地の歴史館」と書かれている。これはしめた！　ここでトイレを借りよう。しかも入場無料。地獄で仏だ。

無事、事なきを得て車に戻ろうとしたとき、一枚の張り紙が目に入った。

「トイレだけのご利用はお控えください」

急ぐ理由はない。何食わぬ顔でゆっくりと見ることにした。

「成田空港　空と大地の歴史館」のパンフレットには次のように書かれている。

成田空港は、一九六六年七月四日に成田市三里塚に建設されることになりました。そのときから、地域を守ろうと空港建設に必死で反対した農民やその支援者、日本のために必死に新空港を建設しようとした人々、そして、対立の周囲にいた住民たちの苦悩の歴史がはじまり、力と力の対立のなかで犠牲をともないました。

その後、建設側と反対側との公開討論を経て、成田空港問題について地域も巻き込んだ話し合いが進んでいきます。

地域と空港を巡る歴史的経緯とそこにかかわったさまざまな立場の人々の苦悩と思い、これらを複眼的な視点からとらえ、この地に刻まれた歴史をできるだけ正確に後世に伝えていくことを目指して当館は建設されました。

入館すると左側の壁から展示がスタートする。空港ができるはるか昔の江戸時代の様子からはじまっている。江戸時代には幕府直轄の放牧場があり、明治になるとそこが広大な敷地を持つ「下総(しもうさ)御料(ごりょう)牧場」に変わり、大正、昭和と時代が進んでいく。順路を進むうち、大きく引き伸ばされた写真の前で足が止まった。

木造の建物の前で撮影されたモノクロ集合写真だ。もともと鮮明ではなかったのか、一人ひとりの表情はぼやけている。大人から幼児まで総勢五〇人ほどいるだろうか。

写真には終戦の翌年、ひとりの僧侶に率いられた沖縄出身者たちが、皇室の食料を生産するための牧場だった「下総御料牧場」に入植したとの説明がある。

現在、空港施設となっている用地の大半は、かつて宮内庁が所管していた「下総御料牧場」の敷地だった。ところが終戦直後、極度の食料難を解消するため、時の政府は日本各地の旧軍用地や国有地を農地として開放する。「下総御料牧場」もその流れのなかで牧場の一部が農地として開放され、そこに沖縄の人たちが入植したというわけだ。


それにしても、だ。千葉県から遠く離れた沖縄の人たちがなんでこんなところまでやってきて農業をはじめたのだろうか？　不思議な話だが、くわしい説明はない。集合写真の下には初老の男性の顔写真が掲載され、そこに「沖縄からの入植者のリーダー　與世盛智郎（よせもりちろう）　薬剤師から仏門へ。戦後、天浪（てんなみ）でむらづくりに尽力した」と書かれているだけ。

改めて写真を見てみる。最前列には親に抱かれた幼い子どもたちがいる。この子たちが健在なら七〇代だろうか。ということは、まだ話を聞ける可能性はある。いや、是が非でも話を聞いてみたい。

実は子どもの頃、父から終戦後に千葉県の三里塚というところで農業をしていたことがあるという話を聞いたことがあった。「沖縄農場」のあった天浪と三里塚は、数キロメートル離れているものの、それほど遠いわけではない。父は近くにあった「沖縄農場」の存在を知っていたのだろうか？

「沖縄農場」との出会いはこんな偶然が発端だった。まさかその後、長きにわたって関係者を追いかけ続けることになるとは当初、思ってもいないことだった。

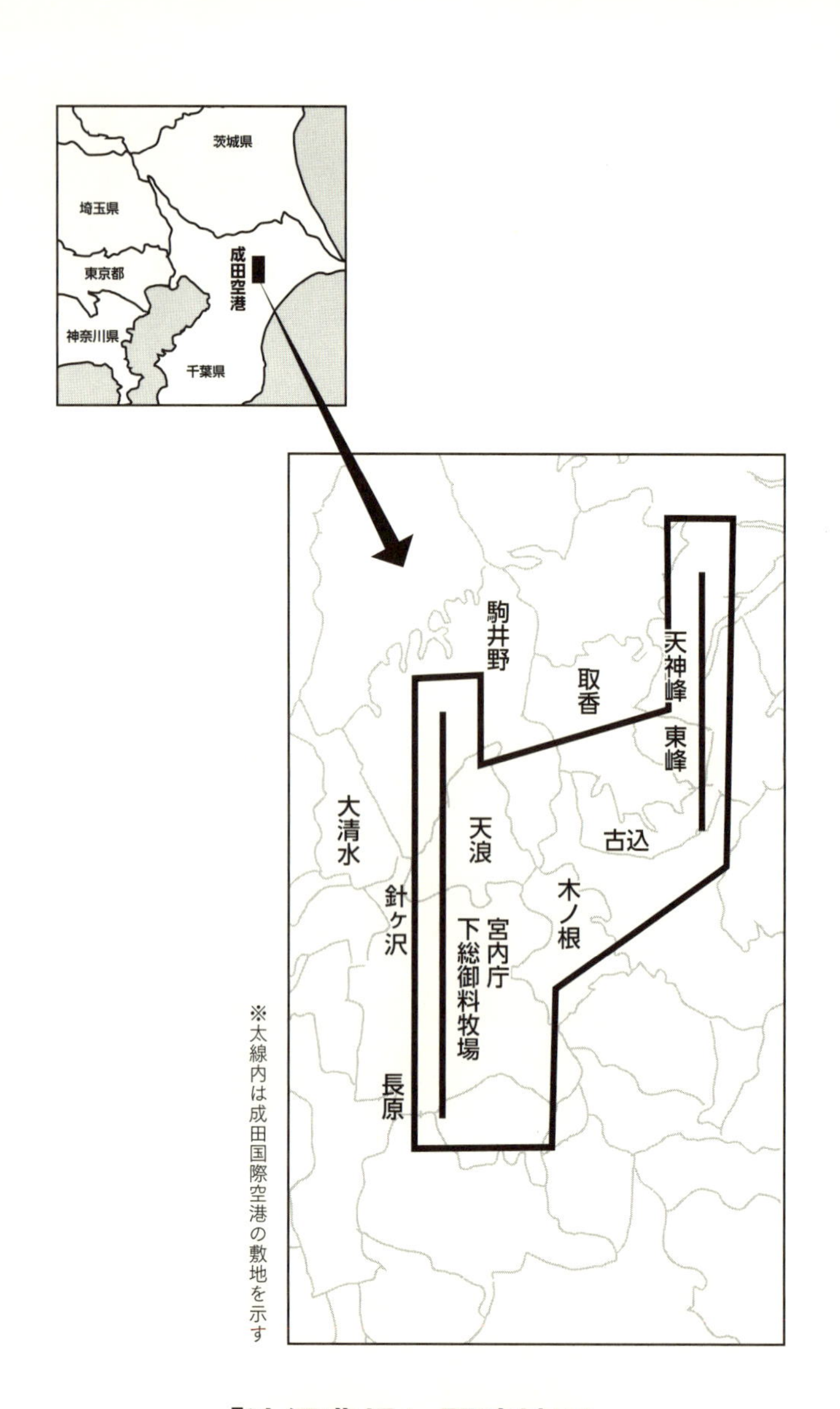
茨城県
埼玉県
東京都
神奈川県
千葉県
成田空港
駒井野
取香
天神峰
東峰
大清水
天浪
古込
木ノ根
針ヶ沢
宮内庁
下総御料牧場
長原
※太線内は成田国際空港の敷地を示す

「沖縄農場」関連地図

地図から消えた「沖縄農場」

空港建設で潰された千葉県三里塚の開拓村　もくじ

第3章 「沖縄農場」を巡る人々 109

第1章　「沖縄農場」の誕生

下総御料牧場

千葉県成田市は県の北部中央に位置し、最北部は利根川を挟んで茨城県と接している。利根川沿いには広大な水田地帯があり、北総台地と呼ばれる丘陵地帯には畑が広がり、のどかな田舎の風景が見られる。

一方、市の中心部となる成田地区には一〇〇〇年以上の歴史を持つ成田山新勝寺(しんしょうじ)があり、参道には土産や漬物の店、また近頃では外国人観光客を意識した外国語表記の飲食店も増えている。そして山門の近くには名物のうなぎ屋が軒を連ねる。初詣でごった返す様子は、正月のテレビニュースでお馴染みの光景だ。

東京へのアクセスもよい。京成電鉄とJRの二路線があり、東京まで一時間強ということもあって、市の中心部にあるニュータウンから東京に通勤するサラリーマンも珍しくない。

そして、成田市の南部にあるのが成田国際空港。空港の周辺には、離着陸する飛行機を見学することのできる公園がいくつかある。四〇〇〇メートル滑走路の北側にある「成田市さくらの山」の小高い丘に登ると、空港の遠景とひっきりなしに真正面の滑走路を離着陸する各国の飛行機を眺めることができる。

三脚を立てて大きな望遠レンズを装着したカメラがずらりと並び、シャッターチャンスを狙う航空ファン。家族連れの人々にも人気で、天気のいい週末には子どもたちのはしゃぎ声も聞こえてくる。さくらの山という名前のとおり三〇〇本の桜が植えられていて、桜の名所としても知られている。

成田国際空港は日本屈指の規模を誇る国際空港で、コロナ禍前となる二〇一八年の航空機の発着回数は二五万五〇〇三回、旅客数は四二六〇万一一三〇人。平均すると一日に七〇〇機の航空機が離着陸し、一一万人以上の旅客が成田空港を利用している計算になる（成田国際空港株式会社ホームページによる）。ほとんどの空港利用者は空港施設を出ることなく、高速バスや鉄道で東京方面に移動してしまう。だが、空港からクルマで一〇分も移動すれば、畑や山林が広がる空港建設前の昔ながらの風景を目にすることができるはずだ。

成田国際空港の開港は一九七八年（当時の名称は新東京国際空港）。だが、佐藤栄作内閣が閣議決定で成田市に空港建設を決めたのは一九六六年で、完成までに一二年もの歳月を費やしている。二〇〇五年に開港した中部国際空港、通称「セントレア」は成田国際空港と違い、海を埋め立てた人工島に作られた空港だが、二〇〇〇年の着工開始から五年後には開港を果たしている。

もちろん成田国際空港を建設した当時と比べれば大きな技術の進歩もあったはずだ。それでも、埋め立て工事を伴わない工事にしては、一二年という歳月はかかり過ぎている。なぜこれほどまでに時間がかかったのかを語るのは後に譲ろう。まずは、新空港の建設が成田に決定するまでの経緯を簡単に振り返ってみる。

高度経済成長期にあった一九六〇年代、航空機の需要が伸びるとともに、飛行機の大型化も進んだ。羽田空港では一九七〇年度中に処理能力が限界に達することが予測され、滑走路の延長が検討された。しかし、延長したとしても航空機処理能力はせいぜい二〜三割増にとどまると試算されたため、一九六二年に政府内で新空港建設の議論がはじまる。

空港候補地として千葉県浦安沖、千葉県印旛沼、茨城県霞ケ浦周辺などが挙がっていたが、一九六五年、政府は新空港の建設地を千葉県富里村（現・富里市）と八街町（現・八街市）にまたがるエリアに内定する。だが、発表直後から地元の農家を中心に激しい反対運動が起こり、計画はすぐに頓挫した。

政府は千葉県と再度協議・検討した結果、一九六六年六月に「三里塚案」を発表。すぐさま地元では「三里塚新国際空港設置反対同盟」と「三里塚空港設置反対芝山地区同盟」

（同年八月に「三里塚・芝山連合空港反対同盟」に統合）が結成され反対運動へと動き出した。ところが反対運動のうねりを顧みることなく翌七月、政府は閣議決定で正式に新空港の建設を決めてしまう。

政府が富里・八街案のときと正反対の対応をとったのには、三里塚の地理的・歴史的要因と、その地域に暮らす住民の生活基盤の違いにあった。それらを語るには、かなり時間巻き戻す必要がある。

江戸時代、三里塚を含めて下総（しもうさ）（千葉県北部一帯）の台地には、「牧（まき）」と呼ばれた幕府直轄の馬の放牧場が七カ所あった。油田（あぶらた）牧・矢作（やはぎ）牧・取香（とっこう）牧・小間子（こまご）牧・内野牧・高野牧・柳沢牧の七カ所で、総称して「佐倉七牧（さくらななまき）」。

牧の役割は幕府の軍馬を育てることで、牧士（もくし）という役人が管理した。また、軍馬を育てるだけではなく、飼育された馬は近隣の村落にも払い下げられ、農耕馬や荷物を運ぶ馬として供給されることもあった。『下総御料牧場沿革誌』によると天保期（一八三一－四五年）には七牧で合わせて三五〇〇頭あまりが放牧されていたという。三里塚には「佐倉七牧」のひとつである「取香牧」が置かれていた。

明治維新による倒幕後、「佐倉七牧」は政府の直轄地となる。一八七五年、内務卿の職にあった大久保利通はこの「取香牧」を中心にその周囲の土地を買い取り、羊を飼育するための牧場「下総牧羊場」と牛や馬の品種改良を行う「取香種畜場」（一八八二年に「下総種畜場」に統合）を開設。生活様式の変化で、羊毛を原料とする衣類の生産が大きく増えた。その結果、羊毛の輸入額が莫大になり収支を圧迫。そのため、毛織物の原料となる羊毛を国内で生産し、輸入額を抑えようというのが最大の目的だった。

ただし、牧羊事業が成功したとは言いがたく、「輸入された綿羊がわが国の気候・風土にあわず、さらに飼育方法にも問題があったため、罹病（りびょう）による斃死（へいし）がたえなかった。一〇年間に斃死もしくは疾病によって撲殺された綿羊は七千数百頭にのぼった」（『成田市史』近現代編）という。

一八八一年、それまで内務省の管轄だった「下総種畜場」は、牧畜事業の不振を憂慮し、長い年月をかけての発展を期すため、同年新たに設置された農商務省に移管される。それでも牧羊事業を軌道に乗せることはむずかしく、一八八五年になると新たに宮内省に移管。そして、一八八八年になると「下総種畜場」は「宮内省下総御料牧場」と改称される。

牧場の所管が農務省から宮内省に移管したことによって、牧場が果たす役割にも変化が生まれる。当初の目的だった国産羊毛の生産は規模を縮小しつつも継続されたが、主たる目的は皇族のための肉や野菜、乳製品の生産となった。この体制は基本的に第二次世界大戦終了時まで維持されることになる。

「下総牧羊場」並びに「取香種畜場」としてスタートを切り、一八八八年に「宮内省下総御料牧場」、一九二二年に「宮内省下総牧場」、一九四二年に「下総御料牧場」と改称を重ねるが、その間、広大だった敷地は徐々に縮小されている。

スタートを切った頃の総面積は四一〇二町歩。どれくらいの広さなのか。一町歩が約九九一七平方メートル（約一ヘクタール）なので、その四一〇二倍で四〇六万九五三四平方キロメートル。一辺が二〇キロメートルの正方形がすっぽり収まってしまう計算になる。その範囲は、現在の成田市と富里市にまたがり、東京でいえば港区ふたつ分ほどの広さになる。

だが、敷地はたびたび移管や払い下げが行われ、一九二三年には総面積の六割にあたる二〇四四町歩が、宮内省の外局で、御用林の管理や経営を行う帝室林野局に移管されている。結果、「下総御料牧場」の総面積は一四〇〇町歩となる。当初から見れば半分以下になってはいるが、それでも牧場の規模としては格段の広さを誇る。そして、この「下総御料牧場」と他省庁に移管されたかつての牧場所有地が、新空港設立の格好の標的となる。

ここまでを基礎知識として踏まえた上で、話を進めていきたい。

与世盛智郎の帰国

一九四五年八月一五日、日本政府はポツダム宣言を受け入れて無条件降伏し、第二次世界大戦が終結する。その半年ほど前のこと、中国からひとりの僧侶が帰国している。浄土真宗本願寺派の僧侶で、名前は与世盛智郎（よせもりちろう）。一八九四年一一月二日生まれで沖縄県久米島の出身。

与世盛智郎（吉岡みな子氏提供）

久米島は沖縄本島から西に一〇〇キロメートルほどの距離にある島で、那覇から空路で三〇分、航路では約四時間。人口は七〇〇〇人ほどで、島の周囲は五〇キロメートルという小さな島だ。サンゴ礁の海に囲まれ、魚種も豊富で、国内外からダイバーが訪れる。また、国の重要文化財に指定されている久米島紬や車海老の養殖などが観光客に人気で、最近ではプロ野球の東北楽天ゴールデンイーグルスのキャンプ地としても知られている。

二〇〇二年、久米島では島の西側にある具志川村と東側にある仲里村が合併して久米島町となったが、与世盛は久米島の西側にあった具志川村西銘で生まれ、尋常高等小学校を卒業するまで過ごしている。

その後、那覇に出て商業学校に進学するが、当時那覇で開業医をしていた親戚の上江洲智倫の勧めで、薬学を学ぶために単身上京。一九二〇年、東京薬学専門学校（現・東京薬科大学）を卒業して薬剤師の資格を得ると、病院を経営していた上江洲の呼び寄せで一九二一年にハワイ島のヒロに渡り、薬局長として勤務している。

一八八五年に日本政府とハワイ王国政府間で「移民協約」が結ばれて以降、多くの日本人がサトウキビプランテーションの労働力として海を渡っている。当初は広島県、山口県、熊本県、福岡県の四県からの移民が九六パーセントを占めていたが、協約締結から遅れること一五年。一九〇〇年になると沖縄県からもハワイ移民がはじまっている。

沖縄からは当初二七人がホノルルに渡っているが、以降その人数は年々増加し、一九〇六年には最多の四四六七人がハワイに移民し、一九一〇年代には日本からの移民の八割を沖縄県出身者が占めることになる。だが、サトウキビ畑での労働は低賃金の過酷な長時間労働で、まるで奴隷のような生活だったという。

あくまでも想像だが、一円でも多く稼いで故郷に錦を飾りたいと願う移民に、多少の怪我や病気で医者にかかる経済的余裕はなかったことだろう。その結果、医者に担ぎ込まれたときには重篤な状態にならざるをえない。与世盛は病院でそのような移民たちの姿を間近で目撃していたに違いない。

「なんとか彼らを救う手立てはないだろうか?」

与世盛は、その答えを医療ではなく宗教による魂の救済に見つける。

ハワイに渡ってから三年後の一九二四年、薬局長の職を辞して帰国すると、京都西本願寺の中央仏教学院に入学。その三年後、僧侶の資格を得るとハワイに舞い戻り、ハワイ島ヒロ本願寺に勤務した。そして一九三八年、沖縄移民の精神的よりどころとしてオアフ島ホノルルに慈光園本願寺を創設。沖縄移民の救済に奔走している。

一九四二年になると与世盛は、上海西本願寺立中華福寿院主事として中国難民の救済、孤児の保護養育、母子家庭の援助などに従事。そして、一九四五年に帰国するも、すでに激戦地と化した故郷沖縄には戻ることができず、東京郊外の町田市相原町に在京の親戚らとともに身を寄せ合うように疎開していた。

そして、終戦を迎えると、与世盛はある計画を実行に移すため、日本各地を手弁当で歩き回る。岩手県の小岩井農場、神奈川県相模原市、埼玉県所沢市、群馬県軽井沢町、富士山山麓の国有地などなど。その目的は、米軍に占拠されたがゆえに帰るに帰れない沖縄県出身者たちの救済であり、いつか沖縄が日本に復帰するまで、力を合わせて自給自足で生きていくための広い農場を確保することにあった。

与世盛は、集団営農地を探す過程で「財団法人沖縄協会」を訪ね協力を仰いでいる。この団体は第二次世界大戦の末期に設立された「報国沖縄協会」という組織が前身で、その規約は「皇国護持の大精神に基づき、沖縄県人の決死結集をはかり、総力を挙げて大東亜聖戦の完勝に捧げ、軍官当局に協力し、急速なる郷土奪還を期するとともに、県人の文化的、経済的、社会的発展、向上を促進する」という、かなり戦時色の強いものだった。だが、実際に行っていたのは、戦災被害にあった疎開者や戦災孤児の保護、そして戦災学徒の援護などだった。

終戦後、「報国沖縄協会」は「財団法人沖縄協会」という名称に改められ、永丘智太郎（ながおかちたろう）

が協会の理事を務めている。与世盛が営農地を探す過程で「財団法人沖縄協会」に協力を求め、永丘と出会ったことが「沖縄農場」の実現へと繋がる決定打となる。

与世盛は当初、富士山麓か浜名湖付近の御料地に目途をつけ永丘に打診している。だが、永丘に農業の知識がないため答えを保留し、那覇市の出身で東京農業教育専門学校（現・筑波大学の前身のひとつ）に勤務していた城間哲雄を与世盛に紹介している。農業の専門家の城間なら、集団で営農可能な適地を知っているかもしれないということだ。

当時の城間は、毎年夏になると「下総御料牧場」で実習作業をしていて、そこが地味肥沃であると身をもって知っていたため、営農地にうってつけであることを与世盛に伝えている。

だが、その名のとおり「下総御料牧場」は皇室直轄の牧場だ。天皇を神聖視する戦前の教育を受けた者ならば、いくら地味肥沃だとはいえ皇室の牧場を譲ってもらおうなどとは畏れ多くて考えもしないだろう。長いアメリカ暮らしで民主主義がどういうものか身をもって知っていたからだろう、与世盛は集団営農地の狙いを「下総御料牧場」一本に絞って、同地の解放運動に邁進していく。

牧場解放運動

一九四五年一一月、政府は旧軍用地や国有地を農地として開放する「緊急開拓事業実施要領」を定める。戦争末期からの食糧危機は深刻で、緊急に農地を拡大し、すみやかに食糧増産を図らなければならなかった。ただでさえ食料が不足しているところに、海外からの復員兵や引揚者が加わってくる。そして、政府が「緊急開拓事業実施要領」を定めた時期が、与世盛が「下総御料牧場」の開放を求めて行動していた時期と重なっていたことは、与世盛には追い風となる。

当時の与世盛の様子を娘の弥生が記録しているので引用する。

〈前略〉鳥の鳴かない日はあっても、父たちの出かけない日はないというくらい、最初に身を寄せた八王子近郊の疎開地から、毎日毎日、宮内省や農林省、千葉県庁と、お百度を踏むように通い詰めるのです。〈中略〉敗戦直後の交通地獄のことですから、八王子から東京駅、そして宮内庁(ママ)、霞が関の農林省、さらに千葉市へ。父と主人(著者注：上江洲智泰）の汽車と電車を乗り継いでの行脚も大変だったと思います。距離的に言えば、沖縄に置き換えると名護と那覇の間くらいの距離をかけずり回っていたことになります」（上江洲智泰著『久米島と私』より）

与世盛は各省庁に日参したが、集団営農地を譲ってくれとただただやみくもに頭を下げて回っていたわけではない。「瑞穂農場建設委員会」を組織し、「願書」をはじめ具体的な計画を記した「営農計画素案」などを作成している。これらに目をとおすと、いかに与世盛が理想的な開拓村を実現しようとしていたのかを窺い知ることができる。

また、走り書きのように記された「三里塚農場設置案」には、与世盛の目指す農村像が見えるので、読みやすく改めた上で一部を抜粋する。

三里塚農場設置案

一、特色

本案は沖縄県出身者をもって組織し、農業経営を技術的に高度化するとともに、個々連絡を密にして相互扶助による理想的有畜農家の形態をとり、沖縄県人本来の純朴で平和な農村生活を営んでいく。

二、借用地

A　耕作地　一戸について農耕作地一町歩、山林五反歩。一家族五人として全戸数三〇〇戸。合計四五〇町歩が必要。

三、構成分子

農家を中心としたデンマーク式農業を経営するため、技術者、教育者など必要な人員を呼び入れて定住してもらう。その内訳は農家九〇パーセント、技術者と教育者など一〇パーセント。

四、機関

一切の指導を統括する中央部を設けて、各農家との連絡を密にして特色ある農業経営を目指す。

五、文化施設

学校、図書館、寺院、教会、公会堂などを経営する。

浄土真宗本願寺派の僧侶でありながら、キリスト教教会の建設まで構想している。もはや単なる農場には収まらず、ひとつの文化村を構想していたようで、その根本にあるのは長らく暮らしたハワイの、教会を中心としたコミュニティーを参考にしていたのだろう。「三里塚農場設置案」の文中にあるデンマーク式農業とは、家族単位の小規模農業経営でありながら土地利用を徹底的に合理化して収益を上げるというもので、デンマークの平均的農家一軒で年間三〇〇人を養える食料を生産しているという数字が示されている。

また、宮内省に提出された「願書」と大書されたものは、東京都南多摩郡国民学校公用紙と印刷された原稿用紙に綴られている。作成されたのは一九四五年九月一九日。政府が「緊急開拓事業実施要領」を発表する前の段階だ。本来であれば全文を引用したいところだが、旧字、旧仮名遣いで非常にわかりにくいため、要約したものを記すことにする。

願書

瑞穂農場建設趣意書

これまでに体験したことのない国難は、国民の生活に大きな変革をもたらし、今や事態は一刻の猶予もない状態です。各々が新しい仕事に就き精進しなければこの事態を乗り切ることは困難だと思われます。

私たち沖縄県出身者は農業で国に報いるため、農場の建設を計画しています。農場を建設するということは、今後予想されるより深刻な食糧問題、そして退役軍人の失業問題などの対策としても有効だと考えています。

また、連合国軍の進駐によって欧米文化が氾濫し、これまでに培ってきた日本の美しい文化が覆されてしまうかもしれません。その対策を講じることも必要です。

私たちの農場建設の目的はそういった思想混乱に対する聖地の確保という側面があることもご理解ください。

なお、この運動に際して沖縄県出身者で一団を組織する理由は、この度の戦争で最も悲惨な犠牲を被り、郷土をすべて失った私たちの境遇は想像を絶するもので、沖縄県出身者同士の結びつきが必要なのです。

どうか農場を建設するため御料地の貸下げをご配慮いただけるよう関係書類を添えて提出いたしますのでよろしくお願いいたします。

昭和二十年九月十九日

瑞穂農場建設委員

與世盛智郎
山里昌英
上江洲仁憲
上江洲智昭
内間仁徳
上江洲智泰
吉浜寅夫
上江洲智斉
島袋寛次郎
大城盛清
上江洲斉治

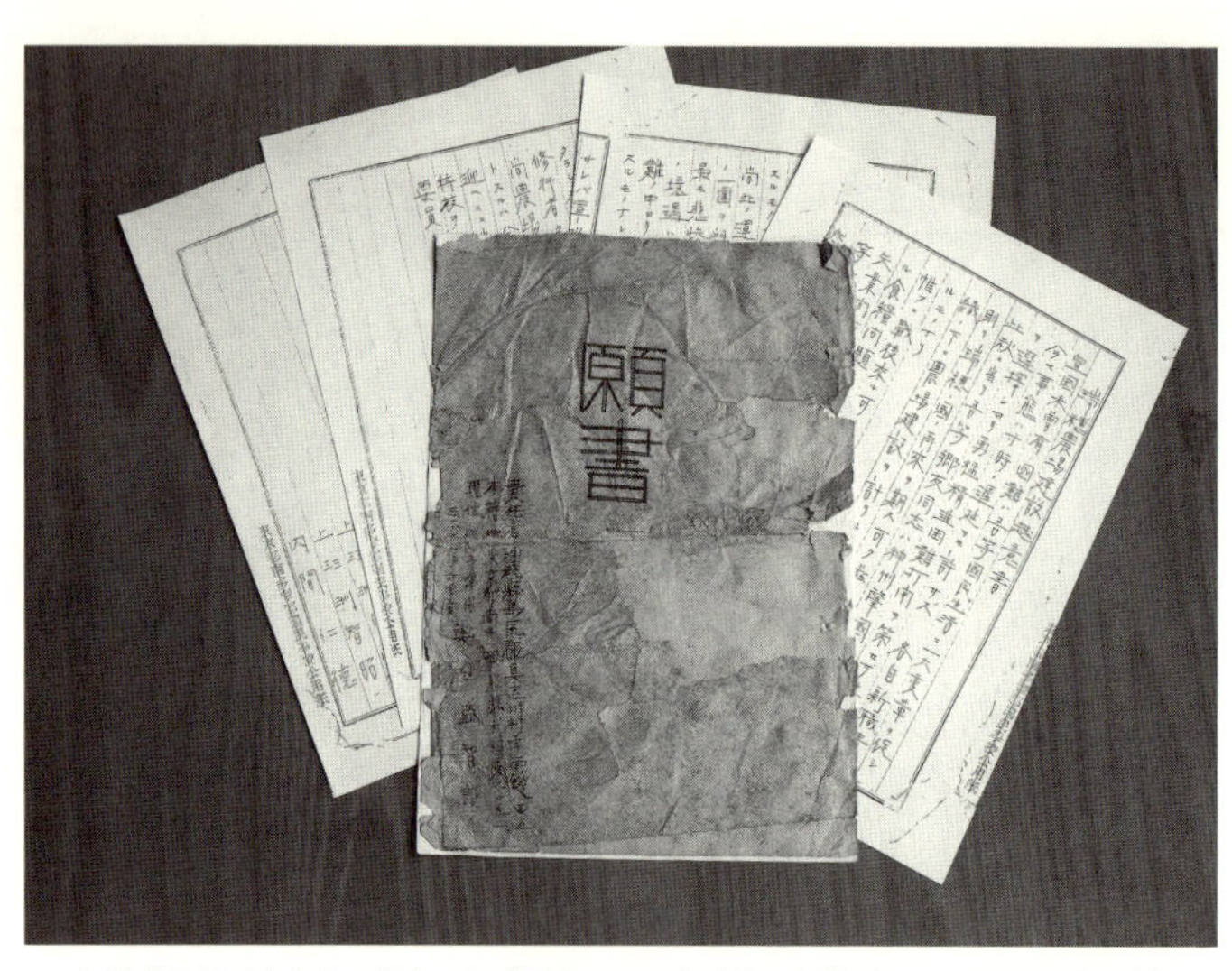

与世盛智郎が宮内省に提出した「願書」の原本（成田空港 空と大地の歴史館所蔵）

宮内省御中

「願書」の末尾には、農場建設委員として一一人の名前があるが、遠い近いはあるものの、みな久米島の出身で親戚関係にある。このうちのひとり、上江洲智昭は久米島の国民学校高等科を卒業後満鉄（南満州鉄道株式会社）に就職。その後は京城（現在の韓国・ソウル）にあった陸軍の輸送部隊に入隊するも、肺に影が見つかり除隊。一時期沖縄に戻り、読谷村で教員をしていたが、ふたたび召集令状が来て海軍の佐世保基地に入隊。佐世保で終戦を迎えたものの沖縄に帰ることもできず、親戚を頼って上京し、町田市郊外に疎開していた与世盛に合流し行動を共にしている。その彼が当時を振り返って私に話してくれたエピソードが印象的だった。

「俺なんて軍国主義の教育を受けて育っているから、天皇陛下の土地をもらうなんて無理だと思ってました。できるわけがないじゃないかと。でもね、叔父さんが言うんですよ、戦争に負けてあんな広大な土地を天皇のためだけに持っていられるわけがないじゃないかと。叔父さんはハワイで長いこと暮らしているから、我々なんかとは考え方がまったく違ってたんだね」

とはいえ、「願書」の文中には皇室への気遣いが見られる。沖縄県出身者のためではあるものの、あくまでも未来の日本のために土地を開放してもらいたい。このままでは日本に伝わる美風が損なわれてしまうので、思想混乱に対する聖地を確保したいと記すなど、ハワイ生活の長かった与世盛が、どこまで本気で言っているのかと思わせる部分もある。

「願書」とともに携えた「営農計画素案」を見ると、主要食料として水稲、大麦、甘藷、馬鈴薯などが挙げられ、それぞれの作付面積が細かく算出されている。まったく農業経験のなかった与世盛がなぜここまでの計画書を作成できたのか。それは「瑞穂農場建設委員会」にも名を連ね（「願書」には名前がないが、別の書類では一一人に加え、さらに一〇人の名前が追加されている)、御料牧場で実習作業を経験していた城間の助言があってのことだろう。

そして牧場の開放へ

一九四六年一月、宮内省はついに「下総御料牧場」の開放を決定する。二月一日、沖縄県の引揚者に一〇〇町歩を払い下げるという通達が「財団法人沖縄協会」の永丘宛てに届く。だがこれで無事入植というわけにはいかなかった。牧場の払い下げを求めていたのは与世盛だけではなかったのだ。「全国戦災者同盟」や近隣農家の次男・三男などが牧場に入り込み、勝手に開墾をはじめ、牧場職員と対立する状態が続いていた。

この「全国戦災者同盟」は、社会運動家の近藤栄蔵が一九四六年に結成した団体なのだが、どういう経緯で結成されたのか、どのような活動をしていたのかは不明だ。いくつかの資料にその名前は散見するものの、どれだけ調べてもその実態が見えてこない。ただ、あまり評判のよい団体ではなかったようで、『千葉県議会史　第五巻』にはこんな記述がある。

即ち全国戦災者同盟中総支部なる団体（表面は単なる戦災者の援護団体であるが内面は極左系社会党、農民組合等思想的色彩の濃い団体）の御料地の不法侵入、牧場官舎等の不法占拠、入植希望者より一人五一二円を三八〇名より運動費として徴収し、食遊興費として消費する等。或いは暴行放火事件等にて地元民との紛争相ついで起こり、宮内省、警保局、県経済部、警察部などはその渦中に巻き込まれ、結局右同盟幹部を一斉検束として本年七月頃検事局に送局（食糧管理法・住宅侵入詐欺・横領・暴力行為・森林法等違反として）せるも、一〇月頃一味は釈放となり現在暗躍しつつあり。

さらに『富里村史　通史編』にも、全国戦災者同盟による強引な入植で地元民との間に地域紛争が起きているとの記述がある。終戦後、民社党の参議院や衆議院の議員を務め、引揚者団体全国連合会の理事長を務めた北条秀一は、著書『正義を求めて―在外財産補償運動の歴史と意義』のなかで全国戦災者同盟について触れている。

昭和二一年一一月、全国戦災者同盟の委員長近藤栄蔵と書記長斎藤竹之助氏の申し出により、全連（筆者注：引揚者団体全国連合会）の事務所の一部を貸したのであったが、翌二二年春、同盟を私に委託することになり、二三年春までこれを維持した。しかし全国同盟とは名ばかりで一向に実が伴わないので、その負担に絶えず、これを手放したら自然消滅してしまった。

一九四六年一月三一日付の「千葉新聞」には、「揉める三里塚牧場」という見出しで次のような記事が見られる（旧字などは改めた）。

揉める三里塚牧場

全国戦災者同盟（以下、戦災者同盟）では、先に宮内省三里塚牧場耕地開放が奏功し、宮内省から貸下を受けることに決定したので二八日県下から集まった同盟員百余名が春の馬鈴薯植え付け時期を控えて耕地を開墾すべく各々すき鍬を持参して同牧場字両国地先に乗り込み、入植に先立って開墾作業を開始しようとしたところ、牧場側では「本省より戦災者同盟に対し県を通じて貸下げるとの通知だけで、まだ県から耕地の指定その他の指示がないのであるから同盟員の作業は不法占拠の形だ」

とあって、ここに牧場対戦災者同盟に対立状態をきたしたが、結局田中牧場長と戦災者同盟中総支部長伊達広、同顧問山本源次郎両氏が会見、累々折衝の結果、

「牧場としては一応県の意向を聞いた上でのことにしたいから、県の回答のあるまで二九、三〇両日間の鍬入れは留保してもらいたい」

と申し入れ、ひとまずそのとおり話がまとまったが、戦災者同盟員百余名は更に田中場長と交渉して牧場倉庫二棟を宿舎に借り受けて立てこもり密談を続けている。（以下略）

「下総御料牧場」の開放は決定したものの、一〇〇町歩の土地が牧場内のどこになるのかという知らせは一向に届かない。与世盛が新聞記事を目にしていたかはわからないが、牧場の土地を巡っていざこざが起きていたことは、耳にしていたはずだ。このまま指をくわえて見ているだけでは、横取りされてしまうのではないか？　おくれを取って入植できなくなるのではないか？

業を煮やした与世盛は、ついに実力行使に打って出ることを決意する。

神奈川県逗子市と埼玉県蕨市にあった沖縄県民の引き揚げ寮から募った入植希望者と、与世盛とともに疎開していた久米島出身の縁故者の、合わせて一八人で先遣隊を組織。一

九四六年三月六日、入植地を確保するため「下総御料牧場」に乗り込んだ。

入植者に会いに行く

話を冒頭の「成田空港 空と大地の歴史館」（以下、空と大地の歴史館）に戻そう。そこで一枚の写真と出会って以来、私は時間を見つけては図書館で資料を探すようになった。それと並行して、入植者たちの消息をつかめないものかと四苦八苦していた。そんななか、インターネットで見つけた成田市の広報誌「広報なりた」の二〇〇三年一月一五日号に掲載されていた「成田歴史玉手箱」の第二〇回を見つけたことで、事は大きく動き出す。記事を要約すると次のようになる

終戦後、沖縄県久米島出身の僧侶、与世盛智郎に率いられ「御料牧場」に入植する。沖縄の人たちは苦労して開墾したものの、二〇年後空港建設によって開拓地を追われてしまう。しかしながらその後も開拓二世が「同郷会」を組織し、今でも密に結びついている。

ここにある「同郷会」と連絡を取ることができれば、生存者に話を聞くことができるはずだ。すぐに成田市役所に連絡を取り、記事を書いた方を紹介してもらい、「沖縄農場」にいた方と連絡を取りたい旨を伝えた。了承を得たものの、引き合わせてもらう対象の方が体調を崩しているので、しばらく待ってほしいとのことだった。

連絡を待つ間、図書館やインターネットで引き続き資料を集め、話を伺う準備を進める。会う手はずが整ったとの連絡を受けたのは、了承を得てから半年後のことだった。

成田市の図書館で待ち合わせて向かったのは、空港の西側に位置する成田市大清水。ここに暮らす新島新吾は、長らく小学校教員を務めたあと、郷土史家として成田市の歴史をつぶさに調べてきた。また、過去には「下総御料牧場」の跡地に建てられた「三里塚牧場記念館」の館長を務めている。さらに、新島の父親は「下総御料牧場」で競走馬の飼育を担当していた。要は牧場と縁の深い人物だ。

来訪の目的を告げると、なんと教え子のなかに「沖縄農場」の子どもたちが何人もいるというではないか。

「私は昭和二五年に小学校の教師になって、最初に赴任したのが三里塚小学校だったんです。それまで三里塚小学校は遠山小学校の分教場ということで四年生までしかなくて、五年生になるとちょっと離れた遠山小学校まで通ったんです。私自身も昭和一二年に三里塚分教場の入学ですから。

この三里塚分教場は、沖縄の人たちが集団で暮らしていた天浪から子どもの足で三〇分はかかったでしょうけど、そこに沖縄の子弟たちがみんな通うことになったんです」

新島の暮らす成田市大清水も、かつては「沖縄農場」の一部だった。一九四六年に天浪第一地区が「沖縄農場」に払い下げられて以降、天浪第三地区、木の根地区、長原地区、大清水地区などが順次「沖縄農場」に払い下げられている。生まれも育ちも三里塚の新島だが、実は縁あって「沖縄農場」の一員だった新島家（旧与世里家）に婿入りしている。

地元のことにもくわしく、「沖縄農場」の一員でもあり、教え子に「沖縄農場」の子どもたちが多い。さらに、新島は入植二〇年を記念して作られることになる記念アルバムの撮影や制作に携わることになる。

しばらく雑談を交わすうち、突然思い出したように、「沖縄農場」での暮らしぶりを知りたいのなら、私よりもうってつけの人がいると新島が言い出した。その場で連絡を取ってくれたのは、新島の教え子で、与世盛の親戚でもある吉岡みな子だった。このとき新島が吉岡に連絡を取ってくれなければ、「沖縄農場」の取材を続けることは困難だったに違いない。

　新島宅を辞して、とりあえず挨拶だけということで、吉岡の自宅に向かう。吉岡の住まいは成田市に隣接する富里市御料（ごりょう）。住所表示からもわかるように、ここもかつては御料牧場の一画だった。吉岡の自宅をはじめて訪ねた日のことは、一生忘れないだろう。大げさではなく、驚愕するような出来事だった。季節の植物が植えられ、きれいに整えられた庭先の玄関から入り、靴を脱いですぐのことだった。

　挨拶もそこそこに吉岡が口を開いた。

「ところであなたはヒロシちゃんとどういう関係?」

　いきなりの言葉に面食らった。この取材をとおして、ヒロシという人には会っていない。必死に思い出そうとしても、吉岡と繋がりのあるようなヒロシはひとりもいない。とっさに口をついたのは、次の言葉だった。

「ヒロシという知人はいませんが、父のいちばん下の弟が盛宏（もりひろ）でヒロシ叔父さんと呼んでいましたが」

「やっぱり。私、ヒロシちゃんと同級生」

頭が混乱した。この人は何を言っているんだろう？

「三里塚小学校でヒロシちゃんと同じクラスだったの」

「申し訳ありませんが、ちょっとおっしゃっていることの意味がわからないのですが」

「あなた、自分の家の歴史も知らないの？　あなたのお父さんも『沖縄農場』の一員だったのよ」

私はパニックになった。「お父さんは戦争が終わったあと、千葉県の三里塚でお百姓さんをしていたことがあるんだよ」と私の父が話していたことは覚えている。だが、成田市三里塚と「沖縄農場」のあった遠山村天浪は数キロ離れている。

「三里塚でお百姓さんをしていたと聞いたことがありますが、それは『沖縄農場』ではなかったはずです。『沖縄農場』があったのは三里塚ではなくお隣の遠山村だったんじゃないですか？」

「三里塚っていうのはね、昔は住所になかったの。一帯を三里塚と呼んでいただけで、住所になったのはずっとあとの話よ」

のちに調べてみると、成田市が誕生したのは一九五四年で、成田町・公津村・中郷村・八生村・久住村・豊住村・遠山村の一町六村が合併して成田市となり、同時にそれまで地名にはなかった「三里塚」が本三里塚、南三里塚、東三里塚、三里塚という住所が誕生している。さらに、一九八六年には広範囲だった三里塚が、三里塚、三里塚光ヶ丘、三里塚御料、西三里塚の四地区に分割され、三里塚の大部分は成田国際空港の敷地となった。

その日の会話は、驚きのあまり、メモも録音もしていない。何を話したのかも、くわしくは覚えていない。何杯かお茶をおかわりして再訪を約束し、そそくさと玄関を出た。このときから「沖縄農場」の話は、私にとって他人事ではなくなってしまった。

「空と大地の歴史館」で一枚の写真と出会ってから約一年の間、「沖縄農場」に暮らした人の足跡を探し続け、ようやくそのひとりにたどり着いてみると、巡り巡って自分のところに帰ってきてしまったという脱力感。このときは、そんな感覚に陥った。

自宅へ向かう道すがら、今後どのように取材を進めるべきかを考えた。当初の目論見では、吉岡に「沖縄農場」関係者を何人か紹介してもらい、訪ねた先でさらに紹介してもらう。うまくいけば芋づる式に多くの人から話を聞けるのではないか。そう楽観的に考えていた。だが、思わぬ方向に事態は展開してしまった。

「沖縄農場」で暮らしていた人たちを探して、話を聞きに行く以前に、まずやらなくてはならないのは、父親に話を聞くことだ。

ほんとうに父は「沖縄農場」の一員だったのだろうか。少し疑う気持ちもあった。だが、「沖縄農場」の一員であったのなら話を聞いておくべきだし、この先の取材に役立つに違いない。どういう経緯で「沖縄農場」に行くことになったのか。いつまでいたのか。祖父母や兄弟たちも一緒だったのか……。知らないことばかりだった。

入植者だった父の話を聞く

私の父、新垣盛克（もりよし）は一九二九年に台湾の新竹州（しんちくしゅう）で生まれている。新竹州は台湾北西部にあり、台北（たいほく）から南西に約六〇キロメートル、電車で一時間ほどのところにある。

小学校の教員をしていた祖父母が、祖父の生まれ故郷、沖縄県中頭郡中城村（なかがみぐんなかぐすくそん）から日本の統治下にあった台湾に赴任し、父の兄弟姉妹六人はすべて台湾で生まれ育っている。

尋常小学校を卒業し、高等小学校の二年生になった父は、海軍甲種飛行予科練習生の試験を受けて合格。霞ケ浦（茨城県）の航空隊勤務を命じられた。だが、霞ケ浦に向かうまえに通信訓練を受けるため、防府（山口県）にあった通信学校に入る。通信技術を習得し、卒業したものの、戦局はすでに敗色濃厚。本来は飛行兵であるはずなのに、乗る飛行機すらない状態だった。

それならば習得した通信技術を活かせということだったのか、一九四五年五月、鹿児島県の桜島にあった魚雷艇の基地で通信部に配属された。のちに『桜島』という小説でデビューする小説家の梅崎春生も同じ通信部にいたという。

「受信するのはモールス信号で、イロハニホヘトと数字の組み合わせで来る。東京放送、横須賀放送、佐世保放送、気象放送とかがあって、大本営から来るようなやつはみんな東京放送だったと思う。まだ一五歳の子どもでしょ。三時間交代だったかな。夜中に受信していると眠くなってくるんだよ。いちど眠ってしまって殴られたこともあったよ。でも、いちばん嫌だったのが出撃した魚雷艇との交信。飛行機の特攻隊は知ってるでしょ？　あれの船版だね。魚雷を積んだままアメリカの船に突っ込んでいくんだ。

それはね、最初のうちは暗号で来るんだけど、いよいよ敵の船にぶつかるっていう直前になるともう暗号じゃなくなるの。『第何号艇ただいま自爆』とか受信してね。そのあとツーって鳴っていた音がプツッと途切れる。これがどういう意味かわかるでしょ？　思い出すだけでも涙が出てくる。ほんとうに嫌だった」

父は、そのまま桜島の通信部で八月一五日の終戦を迎える。生まれ育った台湾にも戻れず、両親の故郷である沖縄に行くこともできない。行く当てのなかった父は、東京で教員をしていた叔父を頼って復員する。台湾に残る家族の安否もわからないなか、今後の身の振り方を考えた。いつまでも叔父の家に居候しているわけにもいかない。どうしたものかと考えているとき、ある新聞記事に目が留まった。海軍の軍人だったものは、復員省に行けば農地を斡旋してくれるというのだ。とりあえず復員省に行くと、選択肢を提示され、そのなかから好きなところを選んで、三町歩（約三ヘクタール）の土地をくれるという。

実は、この制度は前述した「緊急開拓事業実施要領」によるものだった。さらに、軍用地に関しては、一九四五年一〇月三日に閣議決定された「特殊物件処分大綱」も農地の斡旋に絡んでいる。旧軍財産の処分実施には、戦災者遺族、外地引揚者、帰還将兵の救護、食糧の確保および増産、そして医療救護などに重点が置かれていた。

「知らないところに行くよりは、少しは知っているところがいいと思って、鹿児島県の国分（こくぶ）に三町歩の土地をもらったの。おじいちゃんやおばあちゃんにそのことを伝えたいんだけど、台湾にいるのか、生きているのかどうかもわからない。

仕方ないから、おじいちゃんの知り合いの台湾人のチョウテイキョウさん宛てに手紙を出したわけ。そうしたら、これはあとになってわかったことなんだけど、手紙が着いた日だったか翌日だったかに澄子と朝子（盛克の妹）がたまたま用があってチョウテイキョウさんの家に行った。そうしたら僕からの手紙が来ていたものだから、用事を忘れて手紙だけもらって走って帰ったんだって。そうしたら、もうおじいちゃんがね、『生きていた！盛克が生きていた！』って飛び上がって喜んだんだって。

それで、とりあえず国分に行こうと思ったんだけど、当時は切符を買うのが大変だったんだよ。毎日東京駅に並ぶわけ。一日終わると番号のついた券をもらって、明日はこの番号から受け付けますって。それで一週間並んでいよいよ買えるっていう日に中耳炎になってしまったの。耳が痛くてしょうがないんだけど、一週間も並んだんだからと頑張っていた。でも、もう無理だと思って、券を人に譲って医者に行った。

医者で薬をもらって治ったので、もう一度東京駅に並んで、ようやっと明日は切符が買えるというところで、今度は胃だか腸だかわからないけど我慢できないくらい痛くなって、やっぱり買えなかった。それで家に帰って叔父さんに報告したら、『何もそんな遠くに行かなくてもいいじゃないか』って。神奈川県逗子市沼間にある引揚者の収容所の所長が知り合いで、それが三里塚で牧場の土地を払い下げて入植させるという運動をしているようだから、そこで土地をもらったほうがいいよっていうわけ」

国分に行くことを断念した父は、神奈川県逗子市沼間にあった収容施設に向かう。沼間に近い横須賀市の浦賀港は、外地からの引揚者を受け入れた引揚指定港で、総勢五六万人が引揚船から下船したという。ところが、外地から引き揚げてきたものの、故郷を米軍政下に置かれてしまった沖縄人たちには、帰るべき場所がない。そんな沖縄人たちを、行き先が決まるまで収容していたのが逗子市沼間に置かれた収容施設だった。

「沼間には一週間か二週間ぐらいいたのかな。三里塚行きが決まったから行こうということになって。でも、結局沼間の収容所から三里塚に行ったのは、僕ひとりだった。どこかの駅に集まったはずで、一五人くらいいたのかな。そこではじめて与世盛さんとか上江洲さんとか、糸数さんとか、いろんな人に会ったんだ」

つまり、父は入植が決まって三里塚に向かったのではなく、与世盛が先遣隊を率いて牧場に乗り込んだときに、そのメンバーのひとりとして参加していたということがわかった。

現在、当時の状況を語ることができるのは、残念ながら一五歳（当時）だった父だけだ。ほかの方はみな鬼籍に入られてしまった。

父の証言、そして生前にインタビューした上江洲智昭の証言、さらに『千葉県戦後開拓史』、『久米島郷友会誌』などに収録されている当事者の証言から、三里塚に乗り込んだ先遣隊がどのような行動をとったのかを以下に再現してみる。

「沖縄農場」の誕生

一九四六年三月六日。到着初日は三里塚の交差点にあった大竹旅館に素泊まりし、夕食は持参した米を炊く。現金の持ち合わせはほとんどなく、翌日には追い出される。

「泊まれるところを見つけたっていうから行ったら御料牧場の牛舎でね、二階に乾燥した牧草があったんで、それを下ろして下に敷いて寝ようとしてたら、牧場の人がやってきて。困るから移ってくれって」（上江洲智昭）

「無料で泊まれるところを探し歩いて、千代田村（現在の芝山町）の秋元様の馬小屋をかりることにして、馬小屋に乾燥草を敷いて寝泊りし、国有地払い下げ運動をすることになりました」（『千葉県戦後開拓史』『開拓の歩み』新城寛政）

「馬小屋って言っても掘っ立て小屋で、完全な小屋じゃないんだ、東側だったか南側だったかには壁がなくて。でも行くとこないからお願いして、そうしたらいいよというこ

とでそこにちょっとの期間暮らした」（上江洲智昭）

夜露をしのげる場所を探す一行に手を差し伸べたのは、ドイツ人が経営する秋元牧場だった。そこの馬小屋を根城に、昼間は御料牧場に乗り込み、デモンストレーションでジャガイモやトウモロコシの植え付け作業を開始したところ、牧場側と揉めた。毎日がその繰り返しだった。

「昼間は牧場に行って植え付けするんだ。そうすると牧場長が馬に乗って飛んできて、困るからやめてくれと」（上江洲智昭）

「開墾しようにも道具すら誰も持ってなかった。そうしたら成田駅からひとつ目かふたつ目の駅に小御門（こみかど）農学校（現・下総高校）っていうのがあって、そこの校長先生が与世里（よせさと）さんていう沖縄の人で、学校の道具を使わせてくれることになって、鍬なんかを取りに行った。それでさっそく牧場を開墾していると、牧場の人が飛んできて『戦争には負けたけど日本は法治国家ですよ。そんなことすると逮捕されますよ』なんて叫んでたけど、かまわずに開墾してたね」（新垣盛克）

「いちばん困ったのは金よりも食料でした。お米やさつま芋を買い出しに行っても、近隣の農家は心よく譲ってくれませんでした。空腹に耐えられず、馬小屋に散らばっていた

赤いカブをかじり、おなかを悪くした勇士もいました」（島寛次郎、久米島郷友会誌「三里塚開拓の思い出」より）

「馬小屋には電灯もランプもないので、牧場の山から松の木の枯れ枝を拾ってきて、馬小屋の中央で燃やして電灯代わりにした」（『千葉県戦後開拓史』『開拓の歩み』新城寛政より）

「食料はほとんどなかった。買い出しの甘藷や野草で飢えをしのいだ。近所の主婦、萩原さんが甘藷を煮て持ってきてくれたときは、涙を流して感謝した。背に腹は代えられず、牧場の一隅に馬鈴薯を植えたら直ちに掘り返され、牧場従業員と対立して緊張状態になったこともあった」（『千葉県戦後開拓史』『下総開拓の歩み』山里昌英・新城寛政・上江洲智昭・島寛次郎・東門口（とうもんぐち）俊英・東門口武八より）

先遣隊は二班に分かれ、一方は御料牧場に乗り込んでの開墾植え付け作業、もう一方は食料調達のために足を棒にして周辺の農家を訪ね歩いた。当時は、誰しもその日に食べる食料の確保に頭を悩ませていた時代だ。同情しても、施せるほどの余裕はなかったのだろう。一日歩き回っても、腐りかけたジャガイモ数個しか手に入れられないこともあったという。

その間も与世盛は、県や牧場とねばり強く交渉を続け、先遣隊を送り込んでから一〇日後の一九四六年三月一六日に、千葉県知事より正式な入植許可証を取り付けることができた。

昭和二一年三月一六日

千葉県知事　小野哲

沖縄県引揚民並ニ復員者

代表　与世盛智郎殿

沖縄引揚民入植地ニ関スル件

沖縄協会斡旋ノ沖縄引揚民ノ本県入植ニ関シテ豫テ協議中ノ処今般下総御料牧場内天浪第一地区（一七町九反）ヲ割リ当ツルコトニ決定致シ候条関係方面ト連絡ノ上入植相成リ度此ノ段及通牒候也。

（『千葉県戦後開拓史』より抜粋）

「財団法人沖縄協会」の永丘智太郎への通達では、一〇〇町歩を開放するという話だった。しかし、実際に割り当てられたのは、その五分の一以下の約一八町歩。先遣隊を組織して乗り込んで以降も、与世盛は県の担当者を相手に交渉を続けていたとある。よって、とりあえず一八町歩だが、残りは追々ということになったのだろう。

「沖縄農場」に割り当てられた天浪第一地区は、牧場のほぼ中心に位置していて、「天浪」の名のとおり台地がうねうねと波打つような地形だった。開拓者に開放される以前は放牧地だったため、立木も少なく開墾して畑を作るには打ってつけの場所だった。「沖縄農場」にしてみれば、入植者のなかでは一等地を割り当ててもらったということになる。

ところが、である。正式な許可を得た入植地である天浪第一地区に赴いてみると、そこではすでに戦災者同盟が入り込み、開墾作業をはじめている。県からの許可証を示しても動こうとしない。スコップ、鍬、鎌を手に対峙し、実力行使も辞さない一触即発のにらみ合いもあった。戦災者同盟のリーダー伊達廣(だてひろし)と与世盛が何度か話し合いを持つも、戦災者同盟は一向に土地を明け渡そうとしない。ここで与世盛は、一世一代の大芝居に打って出る。

ハワイ時代の知人で、進駐軍兵士として来日していた日系二世の新門栄(しんかどさかえ)(沖縄県出身)に頼み、「この土地は沖縄の人が入植することを占領軍が承認している」というマッカーサーの偽署名の入った英文書を作り、新門を厩舎に招き入れる。進駐軍からの使者だと紹介し、偽文書をちらつかせることで、戦災者同盟の追放に成功したという。

梃子でも動かなかった戦災者同盟が紙切れ一枚で大人しく出ていくとは、この当時どれだけ進駐軍が威光を放っていたのかを語るエピソードだ。

このように紆余曲折を経た上で天浪第一地区への入植を果たしたものの、着の身着のままでこの地にたどり着いた入植者たちには、当然ながら住む家すらない。幸運なことに、天浪第一地区には大きな厩舎があり、入植者たちはここを仮の住まいとして開拓生活をスタートさせた。厩舎のある広場の入り口には、大きな木の板に「沖縄農場」と書かれた看板が掲げられた。

「沖縄農場」に割り当てられたのは、正確には一七町歩九反。最初の入植者は、先遣隊に参加した一八人に二人が加わり、計二〇人。ひとり当たり約一町歩の耕作地が分配された。これがどれくらいの広さなのかというと、一辺が一〇〇メートルの正方形とほぼ同じ面積ということになる。この面積を鍬一本で耕し、畑に作り替えていく作業が、どれほど大変だったことか。

三〇年ほど前、私は生まれ育った東京から千葉県銚子市に移り住んでいる。家の裏手に空き地があり、そこで小さな畑を作っている。ススキや笹竹をはじめ、雑草の生い茂る荒れ地を鍬一本で開墾したのだが、これが思った以上の重労働だった。ススキや笹竹は、根や地下茎が残っているとそこからまた息を吹き返してくる。よって、かなり深く掘って取り除く必要がある。わずか二メートル四方を開墾するだけで一時間以上がかかり、慣れない作業と姿勢のせいで酷い腰痛に悩まされた。当初は空き地をすべて畑にするつもりだったが、三〇年たった今でも畑の広さは一〇畳（一六平方メートル）ほど。たったそれだけの小さな畑でも、気がつくと小さな雑草でいっぱいになる。もっと畑を広くしたいという思いはあるが、大変な作業を考えると二の足を踏んでしまう。

「沖縄農場」の入植地、天浪は放牧地だったため、ススキや笹竹はなかっただろう。それでも一町歩という面積を鍬一本で開墾するのは、気の遠くなるような作業であったことはまちがいない。

明らかになる当時の実態

はじめて吉岡を訪ねてから二週間ほどのち、ふたたび彼女の家を訪ねた。吉岡は社会科の教師を長らく務めていたせいか、話しぶりは理路整然としていてわかりやすく、こちらの質問に対しても的確に答えてくれる。両親ともにすでに他界されているが、吉岡の父、山里昌英は久米島の出身で、与世盛智郎の妹の娘、タケと結婚し四男三女をもうけている。吉岡は上から四番目の次女で、一九四〇年に東京都で生まれた。一九二九年に久米島から上京した父親の昌英は、東京都北区で小学校の教員を務めていたが、終戦の前年に家族は町田市相原町大戸に疎開。大戸ではタケの従兄弟が小学校の教員をしていたため、そこに合流した形だ。そして、中国から戻った与世盛智郎が身を寄せたのが彼らの疎開先だった。

宮内省に提出した「願書」が東京都南多摩郡国民学校公用紙に書かれていたのは、このためだった。同じく身を寄せていたのは、与世盛の甥の上江洲智泰（うえずともやす）と前出の上江洲智昭。智泰と智昭は従兄弟同士。智泰は陸軍航空隊のあった埼玉県熊谷で、智昭は長崎県の佐世保で終戦を迎えての引揚げだった。

当時の与世盛は、この疎開先を起点に集団営農地を探すため東奔西走している。だが、幼かった吉岡にその当時の記憶はない。

吉岡が疎開先から家族で入植したのは、一九四七年二月。彼女の「沖縄農場」の記憶は、天浪の厩舎からはじまっている。千葉県知事から正式な入植許可を受けてから一年近く経過しての入植だが、幼い子どもたちがいたため、ある程度の生活基盤を整えたのちに呼び寄せている。

「馬小屋（厩舎）っていってもね、天皇陛下の馬を育てていたわけだから、とても大きいし、一つひとつの区画が八畳くらいあるんです。そこに家族単位で入ったわけです。三〇世帯くらいは確実にいたはずですよ。二階っていうか、梯子で登る屋根裏のようなところに干し草を置いておくようなスペースがあって、そこには独身の男性が入りました」

仮住まいとした厩舎は檜造りの二階建てで、小学校の体育館ほどの広さがあったという。「空と大地の歴史館」にあった集合写真は、この厩舎の前で撮影されたものだ。厩舎の真ん中に広めの通路があり、通路を挟んで馬房が向き合うように並んでいる。通路を横軸とすると、ちょうど中間あたりには縦軸になるやや細めの通路がもう一本。厩舎の出入り口は、それぞれの通路の端に四カ所あった。

家族ごとに入った馬房は、天井から床まで三センチほどの厚みのある板で仕切られていたが、通路側は遮蔽物がない。よって、通路側は家庭ごとに木の板を調達してふさぎ、それぞれの居室を作った。土間だった床も同様に廃材などを敷き詰め、その上に配給の毛布を敷くなどして、居心地よく過ごせるよう工夫をこらした。

各馬房に炊事場、トイレ、風呂などあるわけもなく、当初は外に作った炊事場を共同で利用していた。トイレは各居室に瓶などを置いて代用した。のちに各馬房の外の庇を伸ばし、それぞれが竈を作って炊事できるようにした。風呂については、どこからか調達したドラム缶で湯を沸かして風呂代わりとし、外から見えないように廃材でまわりを囲った。

現代の生活からすれば、当たり前に供給される電気やガス、水道などの生活インフラもなく、プライベートすらない八畳一間の不自由な生活だ。とはいえ、郷里を失い、行く当てのなかった沖縄人にしてみれば、とりあえず腰を落ち着かせ、一息つくことのできる居場所を確保したことになる。一安心できたのかもしれない。いや、むしろ「沖縄農場」は雨露をしのげる厩舎があったおかげで、ほかの入植者たちより恵まれていたといえる。

天浪以外の払い下げ地に入植することになった戦災者同盟などの入植者たちには厩舎はなく、まず住居を作るところからはじめなければならなかった。木材はもちろん、大工道具すらない。たとえあったとしても、素人には粗末な小屋ですら作るのはむずかしい。

彼らは、入植地に自生していた竹や雑木で簡単な柱と骨組みを作り、その上に笹や藁、蓆などをかぶせただけの、三角形の「オガミ」と呼ばれる小屋を作り、そこに仮住まいしていた。「オガミ」の名称は、人が拝むときに合わせる手の形に似ていることからだといわれている。当時の写真を見ると、コンビニのおにぎりを立てて、いくつか繋げた形を想像するのがわかりやすい。厩舎と、素人が急ごしらえで作った「オガミ」。どちらの住環境が快適だったのかは、いわずもがなの話だ。

「大人は必死で大変だったでしょうけど、子どもたちはすぐに環境に慣れる、というか適応して、それなりに楽しく過ごしていたと思います。馬小屋の前に大きな広場があって、その広場は土手に囲まれていました。おそらく馬が逃げないようにしていたんですね。子どもたちもいっぱいいて、同級生だけで六人、全体では三〇人以上はいましたね。学校から帰ってきて遊ぶのもこの広場。土曜日になると、年長のお兄さんやお姉さんが広場で木のミカン箱を机にして勉強を教えてくれました。青空学級ですよ。朝子(私の叔母)姉さんにも教えてもらった記憶があります」

衣食住のうち、住まいに関して当面の不安は解消されたが、食料をいかに手に入れるのかが目下の大きな課題になる。戦時中から逼迫していた食料難は、終戦を迎えても解消されず、むしろ海外からの復員兵や移民先からの引揚者の登場でさらに悪化していた。配給もあるにはあったが、とても十分な量とはいえなかった。

早朝から開墾に精を出し、開墾したそばから収穫まで比較的期間の短いジャガイモを植え付けていく。それでも収穫までには三カ月ほどの生育期間が必要だ。足りない食料は購入するしかないが、畑仕事では現金収入にならない。開墾作業の合間に薪の切り出しや東京電力の電柱建てなど、日払いの仕事があると聞けば選り好みせずに汗を流した。

「山里家の場合は、まだましなほうでした。というのも父が学校の教員をやっていたので、現金収入があったんです。小御門農学校の校長先生が沖縄の人で、その縁でそこで教員をしていました」

山里家に限らず「沖縄農場」の入植者には、開拓農民と教員という二足の草鞋（わらじ）を履く者も少なからずいた。貧しい生活のなかでも「沖縄農場」の人々は教育熱心で、毎週土曜日に行われた「青空学級」などには、まさにその姿勢が現れている。だが、それ以外の入植者は開拓地にしがみついて生きるしかなく、日銭を稼ぐ仕事がない日には、早朝から日が暮れるまで鍬を手に働き、日が暮れても月明かりを頼りに開墾する人もいたという。それでも満足に食べることはできず、栄養失調で目がかすみ、鍬や鎌で足を切り、生傷が絶えない毎日だった。

ひととおりインタビューを終えて席を立とうとしたとき、吉岡がファイルに保管された書類を出してきた。

「これは『沖縄農場』の組合員の名簿です。それなりにわかる範囲で調べました。当初からいた人、途中からの人、途中で離農した人、組合解散時までいた人なんかを退職したあとにコツコツと調べました。話してくれそうな人に印をつけておきますから連絡してみてください」

喉から手が出るほど欲しい資料ではあるが、同時に責任の重さも感じていた。これを受け取ってしまえば、途中で投げ出すことはできなくなる。名簿だけではない。与世盛が宮内省や千葉県庁などに日参したときに携えていた「願書」や「三里塚農場設置案」「営農計画素案」などのコピーも託された。この先どれだけ時間がかかるのかわからないが、コツコツと連絡して、会ってくれるという人を訪ねるしか方法はないだろうと覚悟した。

第2章　困難を極めた開墾

糸数家の入植

吉岡に託された名簿のなかから最初に連絡したのは、「ぜひ会ってみてください」と言われた糸数菊枝。糸数家と山里（吉岡の旧姓）家は厩舎では馬房が隣り合わせで、吉岡と同学年の長女もいて、それ以来付き合いが続いているという。「沖縄農場」を離れた糸数の住まいは東京都板橋区徳丸。さっそく訪ねることにした。

私が子ども時代を過ごしたのは、同じ区内で隣町の高島平。徳丸は小高い丘に広がる町で、小学生の頃には自転車で走り回っていた馴染み深い町だ。昭和四〇年代の徳丸は、都内とは思えないほど畑が多く、のんびりとした風景が広がり、ヘビや野兎などに遭遇することもあった。

東武東上線の下赤塚駅から徳丸までは、のんびり歩いて一五分ほど。半世紀前の風景は、今はどこにも見られない。畑はなくなり、アパートやマンションが建ち並ぶ住宅街に変わっている。まるで知らない町に来たような感覚だ。そのなかに、時間に取り残されたような小さな古めかしい商店があった。「糸数商店」と看板は出ているが、営業している気配はない。閉じたシャッターをふさぐように、飲料の自動販売機が並んでいる。

糸数家が「沖縄農場」を離れて板橋区に移ったのは一九六一年。身内のために借金を抱え、どうしようもなく土地を売って東京に出た。板橋区に土地を求め、菓子やタバコなどを扱う小さな食料雑貨店を営んでいた。訪ねたのは、「糸数商店」の近くにある、長男時夫の自宅。九六歳になる菊枝は、足を悪くして歩くのが困難なこと以外、いたって健康だ。ピアノのあるリビングで、小さな体をちょこんとソファーに乗せて、にこやかに私を迎えてくれた。

沖縄県の中部、西原町出身の菊枝は一九一七年生まれ。糸数綱夫と結婚し、二二歳でペルーに移民している。一足先にペルーに渡っていた綱夫の父、幸三は当初仕事がなかったため、パンを配達する仕事を請け負っていた。そして、同じ西原町出身者が沖縄に引き揚げるということで、リマにあった農場を買い取り、主にジャガイモの生産を行っていた。

ペルーは南米大陸西部の太平洋岸に位置する国で、日本からペルーへの移民は一八九九年の七九〇人からはじまっている。一九二三年までは、政府間の取り決めで契約移民という形が取られている。契約移民とは、定められた期間に定められた農場などで働き、契約期間が終わると帰国するというものだった。

一九四三年に発表された外務省調査局の資料「昭和一五年海外在留本邦人調査結果表」には、一九四〇年の時点でペルーに滞在していた日本人の数を、出身県ごとにまとめたものがある。これによると、男女ともに沖縄県出身者がずば抜けて多く一万人超。二位の熊本県の五倍以上になっている。

沖縄で師範学校を卒業した綱夫は、ペルーで日本人学校の教員をしていた。しかし、戦争が激しくなって学校は閉鎖。父の農業を手伝う日々を過ごしていた。一九四三年になると、アメリカ政府の圧力を受け、ペルーにいた日系人は一斉に拘束される。まず、ジャガイモの収穫作業中に綱夫が警察に連行された。数日間警察所の地下室に入れられたあと、アメリカに移送される。その後、残された家族も拘束され、財産はすべて没収。ペルーからアメリカに送られる。

家族が再会したのは、テキサス州のクリスタルシティにあった日本人収容所。終戦を迎えるまでの約二年、家族はこの収容所内で過ごしている。

終戦を迎えると、ペルーに戻るか、アメリカに定住するか、日本に引き揚げるかの選択を迫られ、糸数家は日本に戻ることを選択する。一九四五年一二月、シアトルから船に乗り込み、到着したのは神奈川県の浦賀だった。

「日本に帰ってきて船を降りると、目の前が一面の焼け野原で愕然としました。それで浦賀のすぐそばにあった建物に収容されて。毎日麦ごはんが支給されるんですが、アメリカの収容所で生まれた子どもがいましたから、空き缶を拾ってきてですね、赤ん坊用に配給された米粉を水で溶かして、それで育てたんです。その後、浦賀から埼玉県の蕨（わらび）市の収容所に移りました。そこにペルーの学校で同僚だった山城さんという人が訪ねてきて、三里塚で土地をもらえるかもしれないという話を教えてくれたんです」

蕨にあった沖縄人の収容所は、木造二階建てのアパートだった。糸数家のように南米から引き揚げてきた人以外にも、フィリピンやインドネシアなどの南洋からの引揚者も暮らしていて、全部で一二部屋ほどあったという。だが、蕨の収容所から「沖縄農場」に入植しているのは糸数家以外にいない。

三里塚の話を持ってきたのは山城文盛（やましろぶんせい）。沖縄県中城村の出身で、ペルーでは同僚の教師だったのだが、山城は私の親戚でもある。私の祖父、盛安が中城で教員をしていた時代の教え子で、私の祖母の姪が山城の配偶者だった。東京都江東区の森下にあった彼の自宅に、私は何度か遊びに行っている。「沖縄人連盟」とも繋がりがあり、東京に暮らす沖縄人たちを支援する活動を長く続けていた。

糸数家が「沖縄農場」に入植したのは一九四六年八月。それ以前に、先遣隊のメンバーとして糸数網夫も参加しているが、このとき、菊枝のお腹には長男の時夫がいて、正式な入植許可証が出たものの、すぐに入植することができなかった。

同年八月、生後一五日目の時夫を伴い、夫婦と五人の子ども、そして義父の計八人で、埼玉県蕨市の収容施設から何度も電車を乗り換え、国鉄の成田駅に降りたった。朝から何も食べずに成田に到着したときにはすでに昼過ぎだった。駅前にあったうどん屋で昼食をとることにしたが、出てきたのはコンニャクをうどんの代わりにした代用食だった。

成田駅から八日市場駅行きのバスに乗り、入植地の天浪に向かう。持ち物はオムツや衣類の入った大きめの袋がひとつだけ。蕨の収容施設で生まれた時夫を抱え、時夫とひとつずつ年上の春江と靖子は祖父と父が抱き、長女と次女の美佐子と直子は自分で歩いた。

入植直後は食料もなく、乳飲み子を抱えているのに母乳も出ない。なけなしの古着や靴を持って農家をまわり、どうにかヤギと交換してもらい、ヤギの乳を母乳代わりにして育てた。食料も物々交換で手に入れるしかなかったが、満足な量は手に入らない。足りない分は野草を摘み、塩水で煮込んで食べた。文字どおり、着の身着のままで入植地にたどり着いたため、鍋や釜、食器など一切何もない。ふたたび空き缶を拾い集め、それを鍋や食器の代わりにした。

「いつもいつも空腹でした。ですが、生まれたばかりの時夫をはじめ、子どもたちに食べさせないといけない。私は子どもたちの世話で畑仕事はできませんから、開墾作業はおじいさんとお父さんの役目でした。今日一日をどう生き抜くかっていうような、入植当初はほんとうにそんな毎日でした。上のふたりの娘はまだ小さかったのに、文句ひとつ言わずに手伝いをしてくれました」

糸数家に限らず、子どもが重要な働き手だったという話はよく耳にした。薪拾い、畑の草むしり、落花生の皮むき、ランプの火屋(ほや)磨き、井戸の水汲み、家畜の世話、子守……。薪拾いに関してはこんなエピソードも聞いている。もともとが放牧地だった天浪地区には立木が少なく、薪になるような枝がないため、薪拾いのために「下総御料牧場」まで遠征した。牧場は本来お花見の時期を除いて一般に開放はしていないため、薪拾いとはいえ違法の侵入となる。そのため牧場職員に見つかると家まで追いかけられ、親も注意を受けたというがそれでも翌日には何食わぬ顔で薪拾いに出かけたという。生きていくためには、子どもも含めて、各人ができることをやらなければ生活が立ち行かない。その日暮らしが続いていく。

開墾したそばから植えたジャガイモが収穫の時期を迎えると、糸数家の食料事情は改善されていった。とはいえ、慢性的な空腹から解放されただけで、主食は芋ばかりだった。他方、空腹の心配から解放されたことで、畑仕事のかたわら、現金収入を得るための仕事にも出られるようになる。そうして得た現金で、少しずつ生活必需品を整えていった。

入植二年目からは、自給用のジャガイモとサツマイモに加え、わずかながら落花生やサトイモ、菜種などの換金作物を栽培することにより、入植直後のどん底生活と比べれば余裕も生まれた。そして、一九四七年の秋から、千葉県から融資を受けて、各々の畑の横に住居の建設もはじまっている。

どこの家も同じ造りで、水道と電気はなく、井戸は自分たちで掘った。玄関を入ると土間の炊事場がある。隣に六畳、奥に八畳の部屋があり、それらをL字型に囲むように廊下がある。そして、廊下の突き当りにはトイレが。のちに炊事場の横に増設して風呂場が付け足されている。

糸数家も畑の隣に家を建て、厩舎から移り住んだ。ヤギ一頭だった家畜には、乳牛やブタ、ニワトリが加わった。乳牛は赤ん坊に飲ませるのが目的で、豚は繁殖させて販売する。ニワトリは放し飼いで、卵は自家用にして余剰分は販売に回した。

「食べることにはなんとか困らなくなりましたが、相変わらず貧乏暮らしでした。現金収入がありませんから。子どもが学校で使う帳面とか半紙を買うっていうと、『じゃあ卵産んでるかどうか見てごらん』て。卵を持って町に行って、それを買ってもらって、そのお金で帳面を買うんです」

厩舎生活から抜け出し、それぞれが自立して農業を営む。ようやく、沖縄農場にもわずかながら将来に光が見えはじめたのだった。

当時を伝える「天浪口説」

当時の様子を「沖縄人連盟」の機関誌「自由沖縄」が伝えている。一九四七年四月一日発行の第一四号には「三里塚農場　1周年祝賀会」の見出しがあり、同年三月五日に「沖縄農場」の入植一周年記念祝賀会が、多数の来賓者を迎えて開催されたことが記されている。

〈前略〉御料地四十七町歩の払い下げを受けて、外地引揚者四十七世帯二百名が入植。困苦欠乏に耐えながら開墾作業に従事した結果、ようやく自治自営の成果をあげること

ができた。現在農耕、畜産、木炭、薪製材等を大々的に行い今後の発展が期待されている。〈後略〉

明らかに成果を誇張しすぎだが、驚くのは入植者の人数だ。四七世帯で二〇〇人。たった一八人の先遣隊で乗り込んだ「沖縄農場」は、一年足らずで二〇〇人にまで膨らんでいた。記事の終わりには、祝賀会の余興で披露された「天浪口説（くどぅち）」が紹介されている。口説とは江戸時代に内地から沖縄に伝わった、起こったことをありのままに伝える叙事的な歌で、多くは舞踏が振り付けられている。「天浪口説」は誰が作ったものなのかは不明だが、沖縄を出てから紆余曲折を経て「沖縄農場」にたどり着くまでの様子が歌われている。

一　大志抱いて故郷を出で
　　思ひ思ひに働いて
　　財産も貯みやい生活ちゃしが。
二　世界大戦始まやい
　　国を挙げての戦や

老いも若きも諸共に。

三　家財道具も皆捨てて
力限りに尽ちゃしが
武運拙く打ち負けて。

四　他国に散らばる同胞や
祖国の土地に帰りしが
我等の故郷は失やい。

五　帰る心も思ひ切り
あちらこちらとさ迷ひて
袖とたもとに露涙。

六　されど浮世の習はしや
災難転じて幸迎へ
やがて平和の花が咲く。

七　いばらの道も歩み去り
国胞の集ひも足軽く

目指す御料地三里塚。
八　神の御慈悲に恵まりて
解放されたる天浪に
今や極楽沖縄村。
九、地元各位の御情も深く
我等の身にしみて
エイ、あれに拝むは御料牧場
御恩忘れず働かな。

この祝賀会が「沖縄農場」のどこで行われたのかまでは記されていないが、おそらく厩舎前の広場に集まり、にぎやかに執り行われたのだろう。「天浪口説」は三線(さんしん)を弾きながら歌われたはずだ。歌にあわせ、琉装の舞も披露されたかもしれない。
厩舎前の広場は、子どもたちの遊び場としてだけではなく、何かにつけて住民たちが集まる集会所のような役割も果たしていた。夕方になると一日の仕事を終えた大人たちが集まる。仕事の進め方についての話し合いが行われる。そのうち三線がつま弾かれ、酒宴がはじまる。それが日常の光景だったという。

この記事が書かれた四カ月後の「自由沖縄」には、「三里塚沖縄農場観察記」が掲載されている。ここで注目すべきは、末尾に記されている「事業内容」、すなわち農場の様子で、入植から約一年半たった村の状況が見えてくる。

開拓用地　五〇町歩
　既耕地　三二町歩
　作付反別
　　馬鈴薯　五町歩
　　黍　類　一〇町歩
　　落花生　四町歩
　　陸　稲　八町歩
　　甘　藷　一五町歩

資産（共有物）
　馬　一頭／荷馬車　一台／ミシン　一台／自転車　一台／豚　一一頭／自動鋸

一台／山羊　三〇頭／羊　一頭／鶏　五〇羽／兎　二一羽

記事によれば、開拓用地が最初に払い下げられた一七町九反から五〇町歩に大きく増えているのがわかる。これは当初の天浪第一地区に加え、一九四七年の二次解放で天浪第三地区、木の根、長原、大清水などが「沖縄農場」に割り当てられたからだ。また、耕作物のほとんどは、自給用の米や黍（きび）、芋類で、換金作物は落花生のみであることがうかがえる。糸数の言うように、「食べることには困らなくなったが、相変わらずの貧乏暮らし」がここからも見えてくる。

糸数家からの帰り際、頼みごとをひとつ託された。

「今度いらっしゃるときは、ぜひよっちゃんも一緒に連れてきてください。天浪を離れてから一度もお目にかかってないので」

どうやら私の父、盛克は「沖縄農場」で年長者から「よっちゃん」と呼ばれていたようだ。「遠い昔のことだから忘れたことも多い」と菊枝は言うが、話しているうちに思い出すことも多かった。辛いはずの思い出も、終始穏やかな菊枝が語ると悲惨さがない。大変な時代を生き抜き、今は穏やかな生活を送っていることが感じられた。

よっちゃんを連れて再訪することを約束して、その日は糸数家をあとにした。

志伊良家の入植

糸数家のように、海外からの引揚げで「沖縄農場」にたどり着いた入植者はほかにも数軒あるが、数からいうと多数派ではない。多いのは、仕事や疎開で国内を移動しているうちに終戦を迎え、沖縄には帰れず、行き場を失った末に入植した国内移民組だ。

一九四六年、小学校六年のときに家族六人で「沖縄農場」にやってきた桧ヶ谷(ひがや)美枝子(旧姓・志伊良(しいら))は、疎開先の山口県から入植している。桧ヶ谷の生まれは神奈川県横浜市鶴見区。鶴見区は明治時代から沖縄からの移住者が多く、現在でも関東地方では最大の沖縄人コミュニティーが形成されている。両親は薬局を営み、女中もいる裕福な家だったらしいが、彼女にその記憶はない。

三歳になると沖縄県の泡瀬(あわせ)に移り住み、そこでも薬局を経営した。たが、法律で禁止されていた堕胎薬を乳母車いっぱいの量を所持、販売し、摘発、押収された挙げ句、薬局は潰れてしまう。その後、志伊良家は内地を転々とする。両親がふたりずつ子どもを分けて、別々に暮らしていた時期もあったそうだ。

桧ヶ谷の記憶にはっきり残っているのは、太平洋戦争がはじまった一九四一年から。母のいた兵庫県に家族全員で暮らしはじめ、桧ヶ谷はここで国民学校に入学。四年生になると空襲が激しくなり疎開で大阪に移る。だが大阪も空襲が激しく山口県に疎開し。終戦は山口県で迎えている。

今、桧ヶ谷が暮らしているのは、千葉県八街市。「沖縄農場」があった成田市から一〇キロメートルほどの距離で、同市は落花生の産地として知られている。JRの四街道駅に近い喫茶店で待ち合わせて話を伺った。

「どこで三里塚のことを聞いたのかはわかりませんが、山口から直接千葉に向かったんです。なんでも、与世盛さんという人がいて、その人がそこの頭領をしているなんていう話は覚えています。天浪の馬小屋に入ったのは小学校六年の二学期で、通路を隔てた向こう側は仲元さんでした。朝子さん（筆者注：私の叔母）とは馬小屋で知り合って、祭りで踊るお遊戯の練習をしたことを覚えています」

志伊良家が入植した時点では、天浪の耕地に空きはなく、畑仕事もできないまま数カ月を厩舎で過ごしている。一九四七年、二次解放として「沖縄農場」に解放された木の根地区に耕地が割り当てられ、いよいよ志伊良家の開墾作業がはじまる。だが、同地区には家もなければ厩舎もない。間仕切りも何もない掘っ立て小屋を作り、そこで開墾生活がスタートした。

木の根地区は放牧地だった天浪と違い、篠竹（しのだけ）が生い茂る山林で、開墾するためには篠竹を刈り、それからトンビ鍬と呼ばれる未開墾地を耕す専用の鍬で根を掘り起こす。そんな大変な作業からはじめなければならなかった。掘り起こした根も無駄にしない。乾燥させて風呂や竈の燃料にした。土をならし、畑にしていく作業は、天浪の何倍もの労力と時間が必要だった。

その当時は、父親がぜんそくで寝込んでいたため、母親とふたりの兄が中心になって開墾作業を進めた。まともな畑にするまでには、一年以上の時間を要した。その間は収穫物がない。近隣の農家からサツマイモを譲ってもらって食いつないだ。

「もう時効だからお話ししますけど、母がサツマイモで焼酎を作って、それを背負って売りに行ってましたよ。御法度（ごはっと）なんでしょうけど。母は自分の持っていた服なんかを全部お金に換えて、それを元手に鹿児島まで原料を買いに行って、それで焼酎を作ったんです。私はいつも母の手伝いをしていたんですよ。母と一緒に焼酎を背負って、大工の棟梁のところへ売りに行きました。母はそういうところ、頭が回ったんですよね」

なんというたくましさだろう。置かれた境遇のなかで生きるだけでなく、自分の家族を守るために知恵を絞って大胆な行動に出る。目の前にいる桧ヶ谷は小柄だが、こちらからの問いかけに対して言葉を選びながら、的確に答えてくれる。大胆とはほど遠い、繊細で実直なイメージだ。だが、話を聞くうち、母親がたくましくならざるをえない事情が見えてきた。

前述のとおり桧ヶ谷の父親にはぜんそくがあり、体が弱かった。彼女の記憶のなかでは、父が働く姿を見たことがなかった。鍼灸師の資格を持っていた父親は、体調のいいときには自宅で診察していた。しかし、それ以外はほぼ寝たきりの状態だった。

父親がウサギを飼育して、肉を販売したこともあった。だが、結局仕事を担わされたのは桧ケ谷で、ウサギの脚を切り、肉と皮の間に空気を入れて膨らませたあと、皮をはぐ。何日か軒下に吊るして乾燥させたものを売りに行く。

そんな苦労の末、父親は入植から四年後の一九五〇年、木の根地区で息を引き取ってしまう。残されたのは母親と四人の子どもたち。生き抜くためには、焼酎を密造するなど大胆にならざるをえなかったのだろう。

畑仕事はふたりの兄が中心になって行っていたが、やがて長男は「沖縄開拓農業協同組合」に事務の仕事を得て、畑仕事から離れる。就職の経緯は不明だが、おそらく家庭の事情を鑑みて、少しでも現金収入を得られるようにという組合の配慮があったのではないだろうか。だが、長男が抜けたしわ寄せを、今度は次男がかぶることになる。

「二番目の兄は、ほんとうはお医者さんになりたかったんです。でも、父親は死んでしまうし、兄は組合で働きはじめるし……。家族が生きていくためには、彼が畑仕事をするしかなかったんです。彼は当時一五～一六歳くらいだったと思います。子ども心に『あんちゃんは悔しくて辛いだろうな』と思いました。ときどき荒れていたし。畑を耕しながら『チキショー！』なんて大声で叫んでいました。

でもね、彼はもともと向上心があるんですよ。どこで勉強したのか、ミチューリン農法とか言ってね、麦の種を風呂のお湯で温めて、井戸にぶら下げて冷やして、それから畑に蒔くと分けつ（筆者注：茎の根本から新しい茎が生えること）が違うんです。近隣の農家の人が見学に来たこともありましたよ。畑を分けて、こっちが普通の作り方、こっちがミチューリン農法の作り方って試験的にやってね」

ミチューリン農法とは、ソ連のミチューリンという植物育種家が考え出した育成方法で、種を四三度前後の湯に一〇時間ほど浸して胚の活動を促したのち、いったん水を切って生乾きにしたあと、二〜四度の場所で三〇日ほど冷蔵する。それから畑に種を蒔くと根の張りがよくなり、分けつも早く、かつ盛んになり、生育期間も短縮して、増収にもなるというやいことずくめの農法だ。日本でもヤロビ農法の名で、一九四〇〜五〇年代にかけて多くの同調者を生んだが、その効果に疑問の声を上げる学者も少なくなかったという。近年では品種改良が進み、手間をかけなくても病害虫に強く、収益も高い品種が生み出された。その結果、日本ではヤロビ（ミチューリン）農法は衰退していく。

志伊良家で畑作業を主に担ったのは次兄だが、母親も時間があれば畑の草取りや畝立(うねだて)などを手伝い懸命に働いた。

ある日、夜中にふと目を覚ましたところ、隣に寝ているはずの母の姿がない。ここで、桧ヶ谷が中学生のときに作った短歌を紹介しよう。

芋畑月に蠢く黒き影眠れぬ母の夜の草取り

こんな母の姿を見ているからか、学校から帰っても友だちと遊ぶようなことはほとんどなかった。帰宅後はすぐに畑に出て、手伝いをする。さすがに力仕事はできなかったが、掘り起こした根を鍬でひっぱたいて転がし、土を落とすなどの作業を毎日続けた。

それでも桧ヶ谷は辛いと思わなかったという。家族が生きていくというのはそういうものだと思っていたから、不満もなかった。辛くて嫌だったのは、学校でのいじめだった。我慢できなくなると学校をさぼり、「山学校」と称して誰にも会わず、一日を山のなかで過ごすこともあった。どんな「いじめ」があったのだろうか。

「学校でオキナワ、オキナワとバカにされました。『沖縄農場』に来る前に、兵庫県にいたこともあるんですけど、そこでもバカにされました。住んでいたのは長屋だったんですけど、そこは韓国や朝鮮の人がいっぱいいて、その人たちと仲よくしていました。母に『どうしてバカにされるのか』とたずねたら、オキナワっていうのは琉球王国の末裔なんだから、悪いことじゃないんだよと言われたんです。ウチは琉球王国の士族なんだよと。誇り高き民族なんだから卑下することはないって。それからは、オキナワって言われても何とも思わなくなりました。だって誇り高き民族ですから」

一九五四年、桧ヶ谷は結婚。当初は木の根地区に家を建てて暮らしたが、一九五六年には県内の佐倉市に移っている。兄たちも自動車整備士の技術を得るため木の根地区を離れ、東京の専門学校に通った。一九五七年、自動車整備士の資格を得た兄弟は、自動車修理工場を開く。開業資金は木の根地区の畑を売って工面した。志伊良家の「沖縄農場」暮らしは、こうして約一〇年で幕を閉じた。

入植に対する三里塚の人たちの反応

三里塚で生まれ育った新島新吾は、一九五〇年四月一日、自らの母校でもある三里塚小学校に新任教師として赴任した。同校は前年まで遠山小学校の分教場という扱いだったが、この年から独立した。御料牧場が開放され、「沖縄農場」をはじめとする入植者の子どもたちが増えたことに起因する独立だった。

「当時の沖縄はアメリカに占領されていて、三里塚の人たちは沖縄の人たちを外国人的な見方をしていましたね。牧場の子や町の子、農家の子が元からいた。そこに開拓の子が入ってきた。そのなかでも特に異質なのが沖縄の子弟。今まで三里塚にはいなかったから。私がいちばん気を使ったのは、いじけさせちゃいけないことと、劣等感を持たせちゃいけないこと。沖縄の子たちを早く日本に馴染ませたいと。

今ではとんでもない話だけど、許可も取らないで沖縄の子どもたちを東京に連れて行きましたよ。上野の博物館とか美術館。なかには着ていくものがないから行けない子もいたり。個人的には『不憫だな』と。そんな子どもたちは、沖縄にも帰れず、貧しい生活を送っている。それがそのときの素直な感情でした。

当時の校長や教頭もね、『三里塚のようなところまでやってきて、娘さんたちは結婚相手がいるだろうか』なんて心配までしていました。でもね、私が感心したのは、沖縄の人たちが教育に非常に熱心だったっていうこと。万難を排して、どんなに生活が苦しくても、子どもの教育だけはしっかりやったじゃないですか。成績優秀な生徒はみな『沖縄農場』の子どもたちでしたよ。

もともと三里塚にいた人とは考え方がまったく違っていた。新しいものに挑戦していくエネルギーというか。沖縄から遠く離れてしまって、自分たちの未来は自分たちの力で切り開くしかないという力強さのようなものを感じていました」

三里塚小学校には、「沖縄農場」から通う教師も複数いた。今でも同校の近所で落花生や米の販売をしている戸村商店の戸村まき子は、一九四九年の入学で、同級生には山里(吉岡)みな子の妹のほか数人が「沖縄農場」から通っていた。収穫した落花生を買い取っ

「沖縄農場」の子どもたちが通った三里塚小学校。レンガ造りの正門は当時のまま

てもらったり、胡麻を絞って油にしてもらったのがこの戸村商店だった。また戸村商店には政府からの配給物資が運ばれ、「沖縄農場」をはじめとする周囲の開拓農村に分配する中継所にもなっていた。

小学一年か二年の正月、着物を着せられ、祖父とともに年始の挨拶で天浪に住む担任の永丘の家を訪れたときのことを、戸村は覚えている。天浪の家はどこも貧しく、窓に蓆を掛け、薄暗い部屋でランプを灯していることに驚いたという。また、天浪の子どもたちは教科書やノートを運ぶ鞄がなく、風呂敷に包んだものを腰に巻いて通っている姿も覚えていた。もちろん町の子どものなかにもランドセルを持っていない子どももいたし、そのランドセルにしても南京袋を改造したような代物だったのだが。自分の暮らしが豊かだと思ったことはなかったが、「沖縄農場」の暮らしぶりを見て、子どもながらに受けたショックを、戸村は七〇年を経ても忘れていない。

一方、「慣れない土地にきて貧乏で不憫」と感じていた新島だが、のちにその考え方を改めることになる。開拓で新たに加わった入植者の児童は「沖縄農場」だけでなく、戦災者同盟の児童たちもいた。家庭訪問で入植地を訪ねると、戦災者同盟のなかには入植して五年目でも相変わらず「オガミ」に暮らしている人もいる。そこではじめて、それまで「沖縄」という物珍しさで子どもたちを見ていた自分に気づく。大変なのは沖縄の人だけではないのだと。

さらに当時の三里塚小学校には戦争で両親を失い、身寄りのない戦争孤児たちも通っている。戦争孤児を集めて収容する施設が遠山村にあり、一九四七年からはそこで暮らす子どもたちも受け入れていた。孤児たちの多くは自身の生年月日も知らず、三里塚小学校に通うことになるまで就学の経験がない子どもも多かった。施設に来るまでは「スリやかっぱらいで生きてきた」という子どももいて、新島は彼らへの対応も迫られていた。施設での食事が満足な量ではなかったのか、お墓に供えられていた食べ物を盗んで食べる。カビが生えていたものを平気で漁って病気になる。

「いちどね、その子たちを満腹にしてやろうと思って先生の家に来いよって誘ったんですよ。そうしたら担任クラスの生徒ばかりか、一〇人以上が大挙してやってきて。うどん玉を大量に用意していたのに、どれだけ茹でても食べる食べる。そのうちうどんもなくなって、そうしたらウチのいろんな戸棚を勝手に開けるんです。食べ物がないかと。ちょうど落花生を植える季節で、種まき用に干していた落花生まで生のまま全部食べてしまう。そのあと、私は父にこっぴどく叱られましたよ、ウチだって生活がかかってるんだよと」

終戦まではもともと三里塚に暮らしていた牧場の関係者、近隣農家、そして町の子どもしか入学しない小さな分教場だったところに、牧場が開放されて新たに移り住んだ「沖縄農場」をはじめとする入植者たちの子ども、そして戦災孤児たち。三里塚小学校は一気に生徒が増えたため教室が足りず、窮余の策としてボール紙で教室を仕切ってしのいだ。生まれも育ちも三里塚の新島は、牧場を中心にどこかのんびりとした空気が漂っていた三里塚が、戦後になり大きく変化していくさまを、教師という立場から身をもって体験していた。

様々な出自の入植者がいるなかで、「沖縄農場」の人々が早い段階で家を建てられたのはなぜか。「沖縄農場」では、自前の資金で建てた家は一軒もない。全員が千葉県から住宅資金を借りている。だが、資金を借りるのにも審査を受けることが必要だった。作付面積と農畜産物の出荷状況、将来的に農家としてやっていけるかどうかなどのチェックがあり、それに合格すると資金を借りることができるのだ。

入植前に与世盛が作成した「営農計画素案」とはほど遠いが、「沖縄開拓農業協同組合」を組織し、各自がそれぞれ営農する。何度となく話し合いが行われ、軌道修正しながら生産物の種類を増やしていく。そんな集団営農が評価されての住宅資金調達だった。

さらに幸運だったのは、二次解放と三次解放で「沖縄農場」に割り当てられた土地に山林が多かったことだ。竹や木が生い茂る入植地は開墾するのには苦労を伴うが、他方でそこに生えていた杉や松を切り、家を作るための資材にして各家庭に配分した。資材の量は、家一軒分の骨組みを全入植者に支給できるほどだった。

二次開放と三次開放の入植者

「下総御料牧場」の払い下げは一九四六年の一次開放に続き、四七年に二次開放、四八年に三次開放があり、「沖縄農場」には大清水と針ヶ沢、木の根、長原など各地区の入植地が割り当てられた。ただし、「沖縄農場」の本体ともいうべき天浪に隣接しているのは木の根だけで、大清水と長原にいたっては、それぞれ三キロメートルも離れた飛び地になっている。また、大清水、針ヶ沢、長原は町に近く、街道沿いに位置しているのに対し、木の根は牧場内でもかなり奥まったところにあり、言ってしまえば僻地のようなところだ。

一九三七年生まれの田村(旧姓・嘉数)保子は、一九四七年、小学二年のときに家族で「沖縄農場」に入植している。天浪地区はすでに満員で、二次開放で割り当てられた木の根地区に入植。牧草地だった天浪と比べ、木の根は文字どおり木の根がはびこる篠竹や山林に覆われ、開墾には困難が伴った。

「とても素人が開墾できる土地じゃなかったと聞いています。ですから作業員を雇って、ある程度開墾してもらって、そのあとは自分たちでひっくり返った木の根っこを万能鍬でひっぱたいて土を落として。木の根には沖縄の人はそれほどいなくて、近隣の農家の次男坊や三男坊が入っているんです。ですから農業にも慣れていて、仕事が早い。うちらは仕事が遅かった。まわりがみんな畑になっても、うちはまだ開墾してましたから。

木の根は悲惨でしたよ。井戸もなくて、水を汲みに行くのが子どもの仕事だったんですけど、山をずっと下って、下りきったところにある田んぼの清水を汲んで。地元の子どもなんかは、両側の桶に水を入れた天秤棒を担いでひょいひょい歩いてる。けれど私はそんなのできない。小さなバケツに水を汲んで何度も往復しました。あの頃は子どもだって立派な戦力ですよ」

田村が生まれたのは、沖縄ではなく大阪府。父親が大阪の会社に勤めていたときに生まれ、終戦はそのまま大阪で迎える。その後、神奈川県横浜市の鶴見にいた親戚に、木炭の製造販売をする話を持ちかけられて鶴見に移るが、仕事は長続きしなかった。その頃、「沖縄農場」に入植していた親戚の金城家から誘いがあり、「沖縄農場」へ行くことを決めたという。両親は、父親が那覇市、母親が浦添市という沖縄でも割と都市部の出身で、農業の経験はほとんどない。入植したばかりの頃、毎日のように泣いていた母の姿を覚えている。

成田空港ができる以前に国土地理院が発行した二五〇〇〇分の一の地形図を見ると、「沖縄農場」本体のある天浪と木の根の距離が二キロメートルほど離れているのがわかる。細道を示す黒い線で繋がっているが、それは直線ではない。標高線に沿うようにぐるりと曲がっていて、道のりとしては二キロメートル以上あるだろう。

嘉数家は、夫婦と子ども五人の家族。田村がいちばん上で、下に弟と妹がふたりずついた。田舎暮らしに慣れない両親を、長女である自分が助けなければならないという思いがあったので、朝から晩まで畑仕事をする両親を見かねて、自身も鍬を握って開墾の手伝いをした。ようやく作物を植え付けたものの、何をやってもうまくいかない。農業の知識がまるでない上に、アドバイスしてくれる人もいない。

米だと思って栽培したのがもち米で、収穫するまで気づかず、調理してみてはじめて気づく。養豚をはじめたものの、うまくブタを育てるだけの技術がない。食べるものがなくて買い出しに行くと、長時間煮ても食べられないようなクズ芋を売りつけられたこともあった。

入植して二年目になると、両親が栄養失調で倒れる。両親の世話、兄弟の世話、畑仕事……。中学一年になっていたが学校に通う余裕はなく、四カ月ほど学校を休むことになる。

もし嘉数家が木の根ではなく天浪に入植していればここまでの苦労を背負うことはなかったかもしれない。天浪では各戸に割り当てられた畑が隣接していてお互いの作業状況を確認することができた。折々につけちょっとした助言やアドバイスもあった。忙しくて畑作業が追い付かないときには有償で、あるいは無償で畑作業を手伝ったという話も私の父から聞いている。

というより、素人ばかりの農業集団である「沖縄農場」では当初、個々が農家としてそれぞれ生計を立てていくだけの力も技術も知識もなかった。それを補っていたのが毎日の作業が終わったあとに、厩舎前の広場に集まって行われていた話し合いの場だ。何を栽培するべきか、栽培の方法、効率的に作業を行う工夫、害虫の駆除、収穫の目安といったあらゆることが話題に上がり、各々の体験から得た知識や意見が飛び交った。時には意見が対立し、口論になることも珍しくはなかったが、結果としてなんとか農家として生計を立てられていたのが実情だったのだ。

だが、天浪から離れた木の根に入植した嘉数家には、その環境がなかった。前出の上江洲智昭によれば「木の根なんかからは遠いから、ほとんど天浪には来ないんだよ」ということになる。天浪と木の根、距離にして二キロメートル。このわずかな距離が嘉数家の入植生活を悲劇的なものにしてしまったのかもしれない。

「両親が倒れたときに天浪からどなたかがいらして、生活保護の話をしてくださって。それで生活保護で私たち家族は命を繋いだんです。生活保護の手続きには、中学一年だった私が行きました。ほんとうに悲惨な生活でした。よく子どもたちがひとりも死なずに生き残ったと思います。

でもね、開拓の人たちの結束は強かったですよ。ウチは農業で食べることができるようになるまで、かなり時間がかかったんですけど、『沖縄農場』が長原に澱粉工場を作って、父はそこで働かせてもらったんです。あそこに勤めていたときは現金収入があったんですけど、結局は栄養失調で倒れてしまいました。

木の根の人たちとも仲よくやっていましたよ。彼らは沖縄の人に対して、それほど偏見を持っていなかったと思います。ただね、学校ではいじめられました。オキナワ、オキナワって。机のなかにヘビの死体を入れられたり。でも、沖縄の人のほうが成績優秀で、学級委員なんてほとんど沖縄の子でしたから。そうなるといじめられることはなくなったし、私も『うるさい！　いなかっぺー』なんてやり返してました」

田村の父親が働かせてもらったという長原の澱粉工場は、二次解放で「沖縄農場」に割り当てられた長原地区に「沖縄開拓農業協同組合」が設立したもの。戦争末期から食料難が続き、国民への公平な食糧配給を行うため、一九四二年に食糧管理法が定められた。そして、米や麦、澱粉などが統制品となり、自由な売買ができなくなった。そのため、生産した澱粉は政府が安定した価格で買い取ってくれた。「沖縄農場」では、政府に販売することを目的に、収穫したサツマイモから澱粉を生産する工場を作ったのだった。

ところが、工場の稼働からほどない一九五〇年には、澱粉が統制品目から外されてしまう。一九五一年には、朝鮮戦争の特需で澱粉の価格が高騰したが、それは一時的なことだった。同年暮れには、澱粉の価格が大暴落。結果、澱粉工場は倒産し、三六〇万円の赤字を抱え込んでしまう。「沖縄開拓農業協同組合」が所有する全財産を処分しても赤字は解消されず、結局一戸当たり一万三〇〇〇円を持ち出すことで赤字問題を解決している。

現代の感覚からいえば、一戸当たり一万三〇〇〇円の負担はそれほど大きな額ではないように思えるが、当時の物価を考えれば大金であることがわかる。農業経営統計調査によれば、一九五〇年当時の農家の平均所得は年間一四万二九三四円。当時としてみれば一万三〇〇〇円は一カ月分の収入を上回る額であることがわかる。

またこの時期、与世盛智郎の発案で、開拓地として割り当てられた長原地区に、「沖縄農場」に暮らす人たちのための墓地も作られている。現在は「緑ヶ丘墓地」という名前の共同墓地になっているが、かなり広い霊園で、園内を歩いてみると沖縄姓が彫られた墓石がいくつか見受けられた。とはいえ、「沖縄農場」の解散後にお墓を移転した家も多かったと聞く。

中学校を卒業した田村は、早く収入を得るために一九五一年四月から成田市の美容室に住み込みで働き、美容師として独り立ちする道を選択する。住み込み先の美容室は、元旦以外休みなしだったが、三カ月に一度は三日間の休みをもらえた。休みになると木の根に戻り、練習を兼ねて「沖縄農場」の女性たちの髪をカットしたりパーマをかけた。近所に美容室などなかった「沖縄農場」ではとても喜ばれ、住み込み先の美容室に通ってくれる常連客もついた。

一方、木の根に残った家族は農業だけでは食べていくのがむずかしく、現金収入を得るために父親が鶴見へ働きに出た。長女の田村と次女、長男は木の根に残り、三女と次男は中学生になると鶴見の父のもとへ。家族が分かれての生活は、父親が勤め先を定年になる五五歳まで続いた。

鶴見の父親や田村からの仕送りで暮らし向きが上向き、農家としても試行錯誤を繰り返した結果、収穫物を農協に卸せるまでになった。結局、いちばん開拓者生活に馴染んだのは、田舎暮らしが嫌で毎日泣き暮らしていた母親だった。田村に言わせれば「百姓の味を知ったから」ということになる。手間暇かけて育てた野菜が見事に育ち、それを収穫する喜び。空港問題で立ち退きを迫られるまで、母親は木の根で農業を続けている。

今回、話を伺ったのは、神奈川県横浜市鶴見区にある田村が経営する美容室。成田の美容室に住み込みで働いたのち、彼女は父親のいる鶴見に移って独立した。一時期は美容室の経営も好調で、横浜市内だけでなく中国に支店を出すほど好調だった。だが、ある事情で借金を抱え込み、すべてを処分した。今は鶴見の自宅を改装して、小さな美容室を営んでいる。

美容師として独り立ちしてからの田村は、家族と会うために訪れることはあっても、木の根で本格的に暮らすことはなかった。「木の根に戻って『沖縄農場』で美容院を開業するという選択肢はなかったんですか」という問いに田村は即答した。

「ぜんぜんそう思わない。私は、木の根にいい思い出がないですから」

大清水と針ヶ沢への入植

一方、木の根と同時期に開放された大清水と針ヶ沢は、三里塚の中心地を通るメインストリートに近く、成田駅に向かうバス停からも遠くない。そのため、いったんは天浪に入植したものの、再入植した人もいる。「沖縄農場」には開拓農民と教員の二足の草鞋を履く者が少なくなかったことは前述したが、近隣の三里塚小学校や遠山中学校ばかりでなく、東京の学校で教鞭をとる者もいた。

天浪から成田駅行きのバス停までは、三〇分以上の時間をかけて山道を歩かなければならない。大清水や針ヶ沢なら、疲れ切って帰ってきた体で山道を上り下りする必要もない。もちろん入植地を変えれば、苦労して開墾した土地を手放し、一から開墾をやり直すことになる。しかし、それでも移住を決意させるほど、毎日の遠距離通勤はきつかったのだろう。

先遺隊にも参加していた久米島出身の島寛次郎もそのひとりだった。「久米島郷友会」二五周年記念誌に島が寄稿した「三里塚開拓の思い出」に当時の様子が記されている。

〈前略〉昭和二三年一二月二五日、現在の針ヶ沢に移転す。昭和二三年第三次牧場地払い下げがあり、現在私たちの居住している針ヶ沢地区です。〈中略〉

私の場合、天浪地区における第一次割り当ての土地の半分五反程度は開墾を終り、来年の作付けを楽しみにしていました。移転するとなれば総てが新規で「ゼロ」からのスタートだから大変です。今までの苦労はまったくの水泡に帰してしまいます。しかも二兎を追っている身になれば尚更のことです。行くか、とどまるかについて夫婦で一週間苦悩したあげく、夢を未来に託して移転することに踏み切りました。〈中略〉
県道沿いとは言いながらランプの暮らし、風呂はドラム缶の露天風呂、水は近所の実川さんの井戸から貰い水。移転当初の苦痛不自由は説明のしようもありません。〈後略〉

島が再入植した針ヶ沢の隣、大清水には新島家も新たに入植している。「沖縄農場」を取材するにあたって、最初に訪れたのが大清水の新島新吾だ。生まれも育ちも地元・三里塚の新島が「沖縄農場」の一画に入植したのには理由がある。

新島家は沖縄県糸満市の出身で、もともとは与世里（よせさと）を名乗っている。与世里から新島への改名の理由は定かではないが、かつては内地で暮らす沖縄県出身者が改名するのはそれほど珍しいことではなかった。差別と偏見を解消するためだと言われることが多いが、単に読みにくいという理由で改名する場合もあった。

少々ややこしくなるが、新島新吾はもともとの名前が野平新吾。新吾の父、野平省三は「下総御料牧場」で育馬係として働いていて、一九三二年に行われた日本初のダービーで優勝した「ワカタカ」を育てたことで知られている。牧場内でも「馬のことなら野平に聞いる。

新島姓を名乗るようになり、「沖縄農場」の一員として大清水での生活をスタートさせている。

一九三〇年に「下総御料牧場」の牧舎で生まれた新吾は、多古農学校を卒業後、三里塚小学校の教師となる。そして、一九五五年、新島盛喜のひとり娘タケと結婚して婿入りし、

（※）

け」と言われるほどだったという。

さらにややこしくなるが、もう少しだけ説明を加えよう。「沖縄農場」が入植時、開墾するための道具すら持っていなかったため、沖縄の人が校長をしていた小御門農学校から農具を借りたことは前述した。そのときの校長が新島盛喜の兄、与世里盛春ということになる。もともと、大清水の土地を求めたのは与世里盛春だった。弟の盛喜は、北海道で定年まで八雲高校の教師を務めたあと、大清水に入植している。リウマチを患っていて、北海道よりははるかに温暖な千葉のほうが体にもいいだろうという配慮のもとでの入植だった。

「新島家が大清水に入植したのは一九四八年、私が結婚してここに来たのが一九五五年。その頃からですね、「沖縄農場」のみなさんの生活がようやっと安定してきたのは。決して豊かではないんだけど安定してきた。なんかね、沖縄の人を含めて、開拓で入ってきた人たちと牧場の子ども、町の子ども、溶け合ってきましたよね。誰も違和感を持たなく

なった」

入植から約一〇年。それは、国内移民という形で三里塚に流れ着いた「沖縄農場」が、苦労と貧困にあえぎながらも地域に根差した生活を送るのに必要な時間だったのかもしれない。

落ち着いた生活を手に入れる

沖縄が日本に復帰するその日まで、みんなで力を合わせて三里塚で生きていく。帰るべき故郷を失った沖縄人の救済を目的に作られた「沖縄農場」だったが、入植したものの、離農する者も少なからずいた。まったくの素人がいきなり一町歩の土地を与えられ、「ここを耕して畑を作り、農作物を育てて生きていけ」と言われても戸惑うばかりだろう。もちろん、「沖縄農場」に入植するということは、農家になるということだ。よって、最初は誰もがその覚悟を持っていたであろう。しかし、現実は甘くない。想像をはるかに超えた重労働と、食べることすらままならない現実に直面し、心が折れてしまう人もいた。教師と開拓農民という二足の草鞋を履いていれば、農家としてそれほど稼ぎがなくてもやっていくことはできる。だが、多くの入植者は、貧乏と空腹に苦しみながらも、ようやくたどり着いた「沖縄農場」で土にしがみつくしかない。もし「沖縄農場」を離れて、よりよい生活を送れる当てがあるのなら、そちらを選択するのは当然だろう。

ポロポロと「沖縄農場」を離れる入植者はいたものの、新たに入植する者もいて、耕地が余ることはなかった。多少の入れ替わりはあったが、「沖縄農場」という組織をまとめていくため、入植から間もない頃には与世盛智郎を組合長にした上で「沖縄開拓農業協同組合」が結成されている。組合設立の目的は、第一にそれぞれが農家として独り立ちできるようにバックアップすること。第二に与世盛が入植前に描いていた理想の農場を実現することにあった。

農業未経験者の与世盛の理想が高すぎたのか、目論見が甘かったのか、組合員の農家としての技術が未熟だったのか、数年たっても農場を軌道に乗せることはできなかった。農作物の耕作だけでなく、組織的に養豚や養鶏などを試みたものの頓挫。酪農を試みても挫折。三次開放で割り当てられた長原地区に澱粉工場を作ったものの、澱粉の価格が暴落して赤字を抱え倒産したことはすでに述べた。

失敗続きの組合運営だった。まるでカタツムリの動きのようにゆっくりとゆっくりと。

それでも個々の農業技術の進歩とともに暮らし向きも確実に上向いてくる。前出の新島新吾が話していたように、入植から一〇年がたった頃から、農場は軌道に乗りはじめた。

軌道に乗りはじめた頃の「沖縄農場」では、どんな農作物を生産していたのだろうか。上江洲智泰の著書『久米島と私』には、主要作物として落花生と麦が真っ先に挙げられ、続いてスイカ、メロン、サトイモ、トウモロコシなどが並んでいる。千葉県の特産品として知られる落花生は、換金作物としては米よりも効率がよかったとの記述もある。「沖縄農場」の土は水はけがよく、水稲栽培には向いていなかったが、その環境は逆に落花生栽培にはうってつけだった。

「私たちの開拓地では、まず自給用の米を作り、あとの六割程度は落花生、二割はサトイモや西瓜を植えた。人手の要らない粗放作物である落花生を主体に、手がかかるが金になるサトイモや西瓜を作ったのである。〈中略〉収入は、当時の専業農家では多いほうだったと思うが、経費を差し引くと、果たしてどの位あったか分からない」(『久米島と私』より)

年間をとおして遊休地を作らず、効率よく畑を回して農作物を生産するスタイルを確立できたことで、安定した収入を得ることができるようになった経緯がうかがえる。与世盛が当初描いていた理想とはほど遠いものの、「沖縄農場」の人々がつつましくも落ち着いた暮らしを送れるようになってきたことは確かだった。

六五年ぶりの再会

最初に糸数家を訪ねてから半年後、父・盛克とともにふたたび糸数家を訪ねた。九〇代の糸数と八〇代の盛克は、「沖縄農場」を離れて以来、六五年ぶりの再会だった。ふたりの話を聞いていると、それぞれを取材したときには出てこなかった話が次から次に飛び出してくる。

盛克が井戸掘りの名人で、何軒もの家の井戸を掘ったこと。勝連（かつれん）半島出身の入植者がいたが、まったく畑仕事をせず、夕方になるとどこからか若い娘を何人も連れてきて、草原で車座になって三線をつま弾きながら歌っていたこと。強面で沖縄相撲の強い男と、とある組のヤクザをしていた男を、与世盛が用心棒にして戦災者同盟と交渉していたこと。指名手配されていた共産党の大物が木の根で匿われていたこと。時代も話題もあちこち飛んで、あっという間に時間が過ぎていく。

あの人は元気だろうか。あの人は「沖縄農場」を出てブラジルに移民したらしい。あの人の息子は大学教授になった。あの人は交通事故で亡くなった。あの人はいつもいばっていたので好きじゃなかった。（上江洲）智昭さんはいつも穏やかで優しかった。風呂に入っていたらドラム缶が倒れて驚いた。いっぱい卵を産むニワトリがいてとても助かった。ヤギのミルクは濃厚でおいしかった。はじめてヤギを食べたのは「沖縄農場」だった。ヒロシちゃんは、学校に行くときにいつもハーモニカを吹きながら歩いていたから時計代わりだった……。

再会の席は次第に思い出合戦のようになった。「沖縄農場」時代は辛く大変な思いをしているはずなのに、六五年という時間の経過のせいなのか、苦労した思い出を語りながらも笑顔が絶えることはなかった。

第3章　「沖縄農場」を巡る人々

永丘智太郎

取材を続けながら、ずっとモヤモヤしていることがあった。取材した方の多くが与世盛智郎への感謝を口にする。入植当時はまだ幼く、どういう経緯で「沖縄農場」に入植したのか事情を知らなかった人でも、その名前は親から聞いて記憶している。

行く当てもなく路頭に迷っていた沖縄の人たちのために奔走し、御料地の開放を勝ち取り、生きていくための土地と農業という仕事を提供してくれたのだから、感謝は当然かもしれない。与世盛の墓前に手を合わせるため久米島まで行った人もいる。与世盛がいなければ「沖縄農場」が存在しなかったことは確実で、「開拓の父」と呼ばれることも当然の話だ。

終戦直後、食料事情も交通事情も悪いなか、手弁当で町田市郊外から毎日のように省庁を訪ね、帰る場所を失った沖縄県民のために「下総御料牧場」の払い下げを訴え続けた行動力の源は、どこから湧き上がったものなのだろうか。宗教的使命感か、それとも郷土愛か。

思い返してみると、与世盛が薬剤師の職を辞して僧侶になったのは、沖縄の人たちを精神的に救うためだった。だが、仏教は与世盛にとって、どれほど身近な存在だったのだろうか。生家が寺だったというわけでもない。信仰心からというより、どうすればハワイに暮らす沖縄の人々に安らぎを感じてもらい、救済できるのかを考えた末に選んだのが宗教だったのであって、仏教の教えを説くために僧侶になったのではないような気がする。

さらに、沖縄では内地と比べて仏教や寺院が身近にあるわけではない。檀家制度もなく、寺は散歩がてらに訪れるような場所でもない。そもそも沖縄で町を歩いていて、寺に出くわすことはほとんどない。沖縄県内の寺院数は離島を含めても六六寺（二〇二四年一〇月時点）で、全国的に見ても圧倒的に少ない。このうち二二寺は那覇市に集中している。よって、無医村ならぬ無寺市、無寺町、無寺村、無寺島だらけということになる。

与世盛が生まれた当時も久米島に寺はない。仏教や寺院は、琉球王朝時代から王家や士族のための存在で、庶民には浸透していなかったという説もある。家系図をたどると与世盛が士族の出であることは明らかなのだが、どれだけ仏教が身近だったのかはわからない。もし沖縄の人々にとって、仏教よりキリスト教が身近だったなら、与世盛は迷うことなく神父か牧師になっていただろう。このように考えてみると、与世盛の行動は宗教的使命感とは言いがたい。かといって郷土愛という一言で片づけてしまうのもはばかられる。

与世盛の行動力が並外れたものであることを十分に理解したものの、それでもなおモヤモヤとした思いは解消されなかった。身もふたもない言い方をすれば、一介の僧侶が足しげく陳情に通っただけで、広大な土地が開放されるなんていうことがあるだろうか？　その点が腑に落ちないのだ。与世盛の苦労を間近で見て、共に行動してきた親戚関係にある久米島出身者たちは、与世盛の功績を高く評価していて、そこに疑問が入り込む余地は微塵もない。

唯一の地上戦となった沖縄戦で、一〇万とも一五万ともいわれる犠牲者を出し、終戦後はアメリカに占領されるという特段の事情があったにせよ、終戦直後の混乱期、路頭に迷っていたのは沖縄県出身者ばかりではない。ほかの都道府県の人であっても、帰るべき場所を失ったり、故郷に帰っても生活手段のない人は数多くいた。それなのに与世盛はどうして「開拓の父」となりえたのか。モヤモヤの原因はこの一点だった。

先にも触れたが、与世盛は入植地を探す過程で「財団法人沖縄協会」を訪ね、理事である永丘智太郎と出会った。そこから「下総御料牧場」の開放運動へ突き進んでいくことになる。一方、この時期には「財団法人沖縄協会」（以下、協会）とは別に、「沖縄人連盟」（以下、連盟）という団体が組織されている。

終戦直後の混乱期、協会には連日のように援護を求める復員軍人や引揚者、罹災者が殺到し、協会の入る建物の廊下にまで人が溢れる状況だった。一つひとつの要望は切実だが、一つひとつを聞き入れて援護するほどの力は協会にはない。そのため、沖縄人の力を結集して問題を解決していくための組織が必要となり、そこで結成されたのが連盟ということになる。

沖縄の再建と沖縄出身者の救援という役割は協会と変わらないものの、より民主主義的な組織を構築するため、連盟の趣意・方針に賛同できる県人・大衆を幅広く結集させ、救援運動を発展させる。上意下達の組織ではなく、組織構成員からの意見要望を広く汲み上げる。それが連盟設立の目的だった。初代会長には、戦争に協力しなかった文化人として伊波普猷が選出され、副会長には永丘智太郎が就任している。

わかりにくいのは、永丘智太郎をはじめ、協会の参画者と連盟の参画者がかなり重複しているところだ。その結果、集めた資料のなかには両者を混同しているものが少なからず散見される。

連盟の発起人には、比嘉春潮、伊波普猷、比屋根安定、大濱信泉、永丘智太郎ら五人の名前がある。それぞれがどのような人物なのか。『沖縄大百科事典』(沖縄タイムス社)から引用する。

比嘉春潮（ひが・しゅんちょう）　一八八三年生まれ。沖縄歴史研究者。一九二三年に上京。四一歳で改造出版部員となり編集に携わるかたわら柳田国男に師事。戦中・戦後柳田門下で民族研究を続ける一方、永丘智太郎ら沖縄出身共産党員と交流し、プロレタリア・エスペラント運動にも参加。

伊波普猷（いは・ふゆう）　一八七六年生まれ。言語・文学・歴史・民族などを統合した沖縄研究の創始者。東京帝国大学（現・東京大学）文学科言語学専修を卒業。沖縄人自らによる沖縄文化的個性の再発見を目指した。一九四五年沖縄人連盟の代表総務委員になる。

比屋根安定（ひやね・あんてい）　一八九二年生まれ。宗教学者。青山学院大学・東京帝国大学宗教学科卒業。宗教私学を生涯の課題としてその分野で大きな業績を残した。

大濱信泉（おおはま・のぶもと）　一八九一年生まれ。早稲田大学総長。早稲田大学法学部を首席で卒業。英・仏・独に留学し、帰国後に教授に就任。学校行政にも敏腕をふるった。

永丘智太郎（ながおか・ちたろう）　一八九一年生まれ。社会運動家。東京高等商業学校（現・一橋大学）・上海東亜同文書院に入学するもいずれも中退。改造社勤務の後、移民・

植民地問題を研究。

当時の沖縄は、教育的にも経済的にも文化的にも内地から見下されていた。そのような時代背景にあって、東京の第一線で活躍する彼らは、沖縄を代表する頭脳といえる存在だったのかもしれない。だが、このメンバーのなかにいる永丘智太郎とは、いったい何者だったのか。それがよくわからない。

連盟の発起人に名を連ねてはいるが、ほかのメンバーのように明確な肩書がない。『沖縄大百科事典』は、永丘を冒頭で「社会運動家」としている。『広辞苑』（岩波書店）で「社会運動」を調べてみると、「社会問題を解決するための集団的行為、現存社会制度を変革するための集団的行為」とある。「社会運動家」とは、社会が抱える問題を言論活動や政治活動をとおして訴えかけ、よりよい方向に導こうとする者という解釈でいいのだろう。

永丘は、かつて「改造」という雑誌の記者であり、編集長でもあった。それならば永丘の書いた文章が残っているはずだ。それを読めば彼の人となりが垣間見えるかもしれない。そんな経緯で国会図書館に足を運んだ。

蔵書検索していると「難民のころ」という気になるタイトルの文章を見つけた。一九六一年一月一一日から一八日までの一週間、「沖縄タイムス」に連載されたコラムだ。永丘はこの前年の一一月に他界しているので、「難民のころ」は永丘の遺稿でもある。戦争末期から戦後の混乱期にかけて、どのように沖縄人救援運動が行われたのかを中心に綴られている。最終回の末尾には、「後日の資料として、以上病中思い出したことをメモしておく」と書かれている。要は、どこかに公開するつもりで書いたものではない可能性もある。「沖縄タイムス」のマイクロフィルムを出してもらい、コラムに目をとおす。すると、「そういうことだったのか」とそれまでのモヤモヤがあっけなく氷解したのだった。

終戦当時、永丘は内務省管理局の嘱託職員として朝鮮研究所創立事務を委嘱されていた。政府の内側で働いていたことになる。ということは、与世盛が先頭に立って進める「下総御料牧場」の開放運動を内務省の職員として、いわば国の内部から支援できる立場にあったということになる。

さらに読み進める。コラムの第三回、四回には「下総御料牧場」の開放についても記述がある。そこには、戦前から永丘と与世盛は面識があり、与世盛を人間的に信頼していると記されている。そして、どのようにバックアップしたのかも書かれている。一部を抜粋したい。

〈前略〉「郷土を失って帰ろうにも帰られない沖縄の難民を、沖縄協会においてあっせん入植させたいから、特別の詮議で許可を乞う」旨の陳情書をしたためた。伊江男（著者注：元貴族院議員・伊江朝助男爵のこと）も宮内庁の官僚に知人があって奔走してくれた。宮内庁への運動には、伊江さんは当時まだ顔がきいた。〈中略〉

　与世盛君と同君の久米島一統との堅い集団がなければ、到底あの入植は実現されたものではない。上江洲智泰の如きは、与世盛君を助けたもっとも功労ある青年であった。〈後略〉

（「沖縄タイムス」一九六一年一月一四日付）

「下総御料牧場」の土地を開放してもらうために、永丘が内務省の職員として国の内部の人脈を使い、支援していたことがわかる。この支援がなければ「沖縄農場」の存在はありえなかった、などと言うつもりはない。永丘の言うとおり、与世盛の払い下げ運動がなければ入植は叶わなかっただろう。先頭に立って運動を展開した与世盛。それを後方支援した永丘。これらがうまく噛み合った結果が、「沖縄農場」の実現という果実を生み出したに違いない。

　そして、驚くことがもうひとつ。なんと永丘自身が夫婦で開拓農民として入植し、「難民のころ」が書かれた一九六〇年の時点でも「沖縄農場」で農業をしていると書かれている。吉岡から託された名簿には、確かに「永丘」という名字の家が三軒あった。すぐに確認すればよかったが、まさか智太郎本人が入植しているとは想像すらしていなかったためにスルーしてしまった。なぜ気がつかなかったのか。路頭に迷っているわけでもない永丘が、入植するはずがないという思い込みが強かったせいだ。

その後、名簿にあった永丘家の数軒に連絡をして、話を聞かせてもらう約束を取り付けた。そのうちのひとりが、永丘の姪にあたる嘉数智子。住まいは東京にあった。

雑誌「改造」の記者として

永丘智太郎は、一八九一年二月に沖縄県那覇市若狭町で生まれている。永丘家は「代々神官や僧侶を出した」家系だそうで、幼少期は祖父の永丘明山が住職をしていた波之上にある寺で暮らしていたとある。寺があった波之上とは、那覇市若狭町にある「波上宮」という神社のことで、埋め立てが進んだ現在とは違い、海に突き出た岩の上に建つ「波上宮」からは、那覇港に出入りする船が一望できたという。

一九〇八年に沖縄県立中学校を卒業すると、単身上京。一九〇九年、東京高等商業学校（現・一橋大学）に進学するも経済的な理由で中退。いったん沖縄に戻るも、一九一四年に上海の東亜同文書院に入学。だが、今度は病気を患い中退している。その後は通信社に勤務ののち、いちど沖縄に戻っている。

一九一九年にふたたび上京して、改造社に勤務。改造社の社長はかつて沖縄で小学校の教員をしていたことがあり、そのときの校長が永丘智太郎の父親だったという経緯がある。通信社での勤務経験、外国語にも堪能ということで即戦力としての入社だった。

この時期、改造社で記者として勤務するかたわら、非合法だった日本共産党の党員としても活動し、一九二三年の関東大震災時には保管していた党印を焼失。同年に開かれた臨時党大会では総幹事に指名されている。ということは、党内でもそれなりの立場にあったということがうかがえる。

また、同時に雑誌「改造」の記者としての執筆活動も盛んで、インド、ロシア、満州、シベリアなどを訪れ、精力的に記事を執筆している。ただし、この頃の記事の署名を見ると、永丘智太郎ではなく饒平名智太郎とある。智太郎が永丘姓を名乗るようになったのは一九三八年から。一九三八年年二月一九日付の「琉球新報」には「改姓広告」が掲載され

那覇市首里にある臨済宗妙心寺派の太平山安國寺

ている。

私儀今回祖父の家名に復帰致し「永丘」に改姓致し候間此の段謹告仕り候　永丘智太郎

改姓の理由については、一九五九年発行の雑誌「部落」に掲載された「内地における沖縄人の実態」という文章のなかで、饒平名という名字で苦労したため、子どもたちのことを考えて改姓したと明らかにしている。智太郎が改姓したことによって、沖縄に残る智太郎の兄弟もまた、永丘姓を名乗ることになった。

永丘智太郎が東京で「改造」の記者として活躍していた頃、沖縄の永丘家にも大きな変化があった。一九二八年、首里にある安國寺の住職を永丘家が託されることになった。安國寺の住職は、それまで京都にある本山、臨済宗妙心寺から派遣されていた。だが、一九二八年から現在に至るまで、安國寺の住職は永丘家が務めている。さらに、このときから安國寺の住職と兼務して、円覚寺の住職（一九四〇年まで）も務めている。

円覚寺は琉球王朝第二尚（しょう）氏（し）の菩提寺で、現在は首里城公園の一画に「円覚寺跡」として、再建された総門だけが残されている。門の脇からなかを覗くと、四角い池と石造りの橋、その奥には石垣と階段跡らしきものが見える。仏殿などはすべて沖縄戦で焼失している。

このとき住職を務めたのは永丘智敬。智太郎の弟になる。本来なら智太郎が継ぐべきところだが、智太郎にはまったくその意思がなかったため、次男である智敬があとを継いだものと思われる。

連絡を取り、話を聞かせてもらうことになった嘉数智子は、永丘智太郎の弟となる永丘智敬の長女で、一九二八年に安國寺で生まれている。四歳の頃から沖縄県立第一高等女学校（第一高女）に入学するまで、円覚寺で暮らしていた。

第一高女といえば、沖縄師範学校女子部の生徒や教員とともに看護要員として動員された「ひめゆり学徒隊」で知られる。だが、「ひめゆり学徒隊」に動員されたのは智子の一学年下の世代だった。一方、同級生でも師範学校に進んだ者は、「ひめゆり学徒隊」に動員されて多くの方が亡くなっている。

第一高女を卒業した智子は、叔父の永丘智太郎を頼って東京での進学を考えた。しかし、内地に向かう船舶が米軍の攻撃で撃沈されるようになっていたため、進学を断念している。

一九四四年七月、政府は南西諸島の高齢者や婦女子、学童の集団疎開を閣議決定する。永丘家も智敬を残して、九月に熊本県人吉市に疎開。永丘智敬は、安國寺の僧侶と首里高校の教師を兼務しており、さらに防衛隊としても召集されていたため、沖縄に残らざるをえなかった。

まずは、人吉に疎開した頃の話を智子に聞いてみる。

「私たちが人吉に行く頃、疎開船はもうありませんでした。父が軍人でもあるので手配してくれて、鹿児島に行く軍艦に乗ることになりました。一九四四年九月の一〇日前後だったと思います。潜水母艦というけっこう大きな船で、漢字は覚えていませんが読みは

「じんげい」という名前の船だったと思います。私たちの家族以外にも一〇〇人ほど民間人がいたと思います。潜水母艦の前後に駆逐艦がいて、那覇から鹿児島までジグザグに行くんです。それでも鹿児島までは米軍の攻撃もなく順調で、三〇時間で着きました。でも、その潜水母艦は次の航海でやられたそうです」

智子の言う「じんげい」とは、日本海軍がはじめて所有した本格的な潜水母艦「迅鯨」でまちがいないと思われる。潜水母艦とは、潜水艦を横付けさせて、燃料・食料・魚雷などの物資を補給するために造られた船。潜水艦乗組員の休息施設としても使われるため、乗員数にも余裕がある。よって、疎開船として使われたのかもしれない。「迅鯨」は、一九四四年九月一九日に攻撃を受けて航行不能となり、沖縄本島近くの瀬底島付近まで曳航されたのち、一〇月一〇日の那覇大空襲を受けて沈没している。

司令官が逃げたあと

沖縄に残った父・永丘智敬のその後はどうなったのか。

「那覇に残った父は、那覇の公会堂に本部を置いていた防衛隊の隊長でした。その年の一〇月一〇日に那覇大空襲があって公会堂を焼け出され、部隊を安國寺のガマに移動したそうです。父は結局ですね、一九四五年五月二九日まで安國寺にいたのはわかっています。これは人から聞いた話ですけど、摩文仁(まぶに)近くのガマで最期を迎えたそうです。牛島中将なんかは五月二七日の時点で南部に逃れていて、永丘隊は郷土部隊なんだから最後まで首里を守れっていうことだったみたいですよ。父たちもアメリカ軍に追い詰められて、最後は摩文仁近くの防空壕で。

父の防衛隊と行動を共にしていて、奇跡的に助かった翁長(おなが)安子さんという方の案内で、父が自決したというところを何回か訪ねましたけど、どの辺なのか見当がつかないんですよ。公園になっていて、ガマの入り口だったところは木が鬱蒼としていましてね、『あそこがそうです』と教えられてもわかりませんでした」

防衛隊は正規の日本軍ではない。本来は足りない兵力を補うため、主に予備役の兵士を緊急時に召集し、空襲時の避難誘導や軍事施設の構築などを行うのが任務だった。ところが、沖縄戦では日本軍の補助戦力として完全に一体化している。

沖縄戦当時、すでに五八歳だった永丘智敬は軍人を退役していたが、防衛隊の召集を受けて、一九四四年二月に「沖縄第六十二師団　特設警備隊二二三中隊」、通称・永丘隊を組織した。

智子の言う牛島中将とは、第三二軍司令官の牛島満。そして、当時の首里城地下の洞窟には、日本軍の司令部が置かれていた。記録によれば、牛島中将らは一九四五年五月二七日に地下壕を脱出し、南部へと逃れている。米軍の首里への砲撃は凄まじく、地形が変わるほどだったという。

司令官が先に逃げ出してしまった結果、首里に残されたのが「安國寺」に拠点を置く永丘隊だった。「首里城」と「安國寺」は目と鼻の先で、置き去りにされた防衛隊がどのような運命をたどるのか、智敬には容易に想像できたはずだ。

奇跡的に生き延びた翁長安子は、沖縄戦の惨状を伝える語り部として知られる人物だ。その証言は『翁長安子　沖縄戦を語る』(ノンブル社)という書籍に収録されている。また、安國寺が編んだ『沖縄戦記　沖縄第六十二師団　特設警備二二三中隊　永丘隊』という冊子でも翁長の証言を読むことができる。いずれの文献の表記も「永丘」ではなく「永岡」となっているが、永丘智太郎の改名に合わせて、本書では「永丘」に統一する。さらに、同じく永丘「智敬」の名が「敬淳」となっているが、娘の嘉数智子、三男の永丘忠朗が「智敬」と言っているのでそのように表記する。

翁長が看護要員・炊事要員として永丘隊に加わったのは一九四五年三月末。この時点で部隊は首里にほど近い識名のガマに陣地をかまえていた。ガマとは沖縄県に多く見られる石灰岩の鍾乳洞で、戦時中は防空壕や避難場所、野戦病院として使われている。

四月一日、米軍が沖縄本島に上陸する。五月になると米軍の攻撃が激しさを増し、追い詰められた永丘隊は、五月一八日に安國寺のガマに移動。五月二七日、「永丘隊は郷土部隊だから最後まで残れ」という第三二軍からの命令が下る。同軍はその日のうちに首里を撤退。

五月二九日、ガマに隠れた日本軍を探すため、米軍が戦車を先頭に首里に到達。永丘隊が身を隠していた安國寺のガマを米軍戦車が攻撃。さらに入り口から火炎放射器や黄燐弾(おうりんだん)（黄燐を燃焼させ、敵の視界を遮るための弾薬）の攻撃を受けて、部隊は壊滅状態に。五月三〇日、生き残った数人で安國寺のガマを逃れ、南部に向かう。六月二二日、糸満市山城のガマで永丘智敬が自決。そのときの様子を翁長は次のように証言している。

「永丘隊長は、暗い壕のなかで手探りで一人ひとり握手され『ご苦労さまでした。君たちは若い、死んではいけない！　捕虜になりなさい。アメリカ軍は君たちを殺すようなことはしないと思う。だから武器（手榴弾）を捨てて出なさい』と。『隊長さんは？』と聞くと、『私は、たくさんの部下を失ったので……』とおっしゃったあと、懐から数珠を出されて、私たちの無事投降を祈られるように『安子、生きて私の家族に巡り逢うときがあるはずだから、この数珠を預かってくれ。よろしく頼む』と私の首に掛けられました。それから『誰も私のあとについて来るな』といわれて、壕出口の方向に行かれました。たぶんそのあと自決なさったと思います」

二〇二四年四月、沖縄県糸満市摩文仁にある平和祈念公園で翁長の話を聞く機会を得た。高齢のため語り部活動からは退かれているものの、かくしゃくとして記憶力も抜群で、永丘隊での経験をよどみなく、まるでつい先日の出来事のように語る姿が印象的だった。面と向かってのインタビューではなく、一〇人ほどで翁長の話を伺っていたため、ほとんど質問の機会はなかったが、どうしても一点だけ聞いてみたいことがあった。

それは永丘隊の隊長としてではなく、ひとりの人間として永丘智敬がどのような人物だったのか。

「とにかく人間的に大きく温かい方でした。私なんか部隊の炊事係で、本来なら隊長さんとお話しできるような立場ではなかったんですけど、そんな立場の私まで気にかけてくれるような包容力のある方でした」

翁長はアメリカ軍に投降した。収容所に収容され、終戦を迎えたあとは、小学校の教員を長らく務めたあと、沖縄戦の語り部として活動していた。

米軍が沖縄に上陸した頃、智子らはすでに熊本県人吉市にある瑞祥寺（ずいしょうじ）に身を寄せている。瑞祥寺は父・智敬の修業時代の兄弟弟子が住職を務めていた。疎開したのは、母の淑（とし）と智子、そして智照、康子、忠郎、智康、正行、直子の八人。終戦後、台湾の部隊に出征していた長男の智裕がここに加わる。父、智敬が沖縄から送ってくれた黒糖を携えて、住職とともにお寺の檀家へ挨拶にまわった。当時は貴重だった黒糖はとても喜ばれ、野菜や米、麦など必要な農産物は檀家の農家に譲ってもらうことができて、生活に不自由することはなかった。

そのまま人吉で終戦を迎えたが、米軍に占領された沖縄に戻ることはできない。いつまでもお寺の好意に甘えているわけにもいかず、人吉に土地を求めた。小さな家を作り、家族で暮らしはじめた。東京から永丘智太郎がやってきたのはちょうどその頃だった。

「たまたま終戦直後に叔父が九州に来ていて、なんでも内務省だかに勤めていて、九州の沖縄県人がどういう状況なのかを調べに来て。私は熊本ではじめて叔父に会ったんです。だって一中を卒業してひとりで東京に出て、以来ずっと東京でしたから。そのときに叔父に宛てた父の最後の手紙を見せてくれたんですけどね、家族をよろしく頼むと。『だから叔父さんは智子たちの親代わりだから』と言われたのを覚えています」

永丘智太郎の九州行きは、先に紹介した新聞連載「難民のころ」の記述と一致する。当時の内務大臣・安倍源基（げんき）に直談判し、九州一円の朝鮮人の実態調査を行うという名目で出張しているが、その実態は九州に疎開している沖縄県民の調査だったと記している。だが、智太郎の本心としては、自決した弟の家族の様子を確認しに行くのがいちばんの目的ではなかったのか。この頃「沖縄農場」は、まだ姿かたちもない。とりあえず弟家族の安否を確認して、帰京の途に就いたはずだ。

「沖縄農場」への入植

永丘家から「沖縄農場」に入植しているのは、智太郎夫婦、智太郎の弟で遠山中学校の美術教師を務めた画家の智行一家、そして熊本県人吉から移住した智子ら八人のきょうだ

永丘智行が描いた「沖縄農場」での会議の様子。スーツ姿は上江洲智泰（上江洲智一氏所蔵）

いだった。智子が当時の状況を語る。

「私が三里塚に入ったのは、昭和二二年のたぶん五月頃だったと思うんです。先に兄の智裕が入植していて、そこに合流した形で。とにかく叔父は私たちを呼び寄せたくて。沖縄の人たちの農場を作るから手伝ってくれという連絡が来て、それで兄が先に行っちゃったんです。しばらくしたら兄が人吉まで迎えに来まして。『もうちゃんと家も作ってあるから行こう』って。

でもね、母は動きませんでした。人吉に家も作っていますし、新しいところには行きたくないと。人吉のみなさんとも仲よくなっていましたから。仕方がないのできょうだい八人で三里塚に行きました。そうしたら家ができているっていうのに、畑のなかにある板塀の仮小屋で。しかも屋根が半分しかなくて、朝起きると土埃で顔が黒くなるし、雨が降ると今度は傘をさして。とてもとても家といえるようなものじゃなかったですよ。兄にね、これはほんとうにお家なのって聞いたら、住めるだけいいだろうって。

母が来たのは、半年ほどあとだったんじゃないですかね。人吉に建てた家を分解して天浪まで貨車で運びました。人吉にいた頃は、お米、小麦粉、野菜など食料には困らなかった。ところが三里塚ではお米も買えません。兄が買い出しに行くというんです。米でも買ってくるのかと思ったら買えなくて、赤い皮が付いたままの小麦しか買えなくて。おいしくないですよね、硬いし」

開墾作業を担ったのは兄の智裕だったが、戦争中に台湾でマラリアを患っていて力仕事ができない。次男の智照はぜんそく持ちで、思うように開墾が進まない。そのうち智裕は実家の安國寺を再建するため、鎌倉の円覚寺で修業することになり、早々に「沖縄農場」を離れる。結局、畑は自力ではどうすることもできず、人を雇って開墾してもらい、陸稲（おかぼ）や落花生、スイカなどを生産した。

「叔父（筆者注：永丘智太郎）さんは、畑仕事はまったくやりませんでした。そのかわり、奥さんがリヤカーを引いて畑に出るんです。奥さんの八重さんは愛媛県の人で、日本女子大を出ていますが、まったく気取らない人でした。いつも作業着を着て歩いていて、それこそ本物の農家のおばさんみたいな感じでね。

三里塚の町に出るときもその恰好のままで。それでお店に入ってハガキを買って、『ちょっと書く筆を貸してください』って言って、さらさらってきれいな字でその場で書いて、それでお店の前にあったポストに投函するんです。お店の人が驚いちゃって、『あのばあさんどういう人なんだ？』なんて聞かれたこともあります。

叔父さんは東京と天浪を行ったり来たりで、吉祥寺にもともとの家がありましたから。私は天浪には二年くらいいましたかね。そのあとは東京の叔父の家で留守番がてら住んでくれということで。

今でも持っていますけど、いろんなジャンルの本を叔父が買ってきてくれて。そのときのベストセラーもあれば、思想的な本もあって『一応これを読んでおきなさい』と。ときどきお昼にも連れて行ってくれるんですけど、勤め人が行くような四〇円か五〇円の蕎麦屋さんから三〇〇〇円くらいする日本橋の料亭まで行きました。『東京にはこういうところがある』って。とにかく、よいものから普通のものまで、あらゆるものを見なさいという人でした。私にとっては父親みたいな存在でしたね」

沖縄戦末期の防衛隊。円覚寺や人吉での暮らし。嘉数の話は興味深く、思わず聞き入ってしまうことが多かった。七〇年という時間が経過しているせいか、父・智敬の最期、人吉での疎開生活、三里塚での生活、叔父の智太郎について語るとき、言葉を選び感情を抑え、静かでまっすぐな口調が印象的だった。

だが、はたしてこの人たちは「沖縄農場」に開拓農民として入植する必要があったのだろうか、と考えてしまう。父・智敬が亡くなるまでは毎月の給料全額が軍事郵便で家族のもとへ届けられた。亡くなったあとも恩給が支払われていたそうで、経済的に困っていたわけでもない。人吉に土地を求め、家を建て、生活の基盤が整っていた。にもかかわらず、叔父である永丘智太郎の鶴の一声で「沖縄農場」に呼び寄せられた。入植したことで、味わう必要のなかった苦労を味わっている。

後日、智子の弟で三男の忠郎にも話を伺うことができた。忠郎が「沖縄農場」で過ごしたのは小学五年から大学入学までの七年間。小学生ながらに鍬を振り、木を担ぎ、道路の普請にも出た。高校生になると一家の中心として畑作業も担い、麦、陸稲、落花生などを栽培した。お会いしたときには八〇歳に近かったが、背は低いもののがっちりとして胸板も厚く、これも若い頃の畑作業のおかげだと話していた。

「智太郎さんは畑仕事とかの労働は一切できない人でしたから、彼のところの畑も手伝っていました。奥さんは八重さんていうんですけど、褒めるのがうまいんですよ。僕のことを褒めちぎるものだから、一生懸命働いちゃって。

智太郎さんは浪費家でね、稼ぐ力はなかったんですよ。自分で『世界社』っていう会社を立ち上げて雑誌を作ったけど、ぜんぜんだめで潰しちゃったり。浪費家といっても遊びに使うわけじゃなくて、東京に出ると帰りに甥や姪にお土産を買ってくる。まだ小学生だった妹を東京の美容院に連れて行ったこともありましたし、服を買ってきたり本を買ってきたり。自分では遊ばないんですよ。妹には童話集とか。僕には高校生の頃レーニンの本を買ってきてくれたこともありました。無口な人であまりおしゃべりではなかったと思います。しゃべるより物を書くほうが上手だったんでしょうね」

忠郎の言う「世界社」とは一九二六年に智太郎が立ち上げた出版社で、社主兼主幹として月刊雑誌の「世界」をはじめ、『プロレタリア芸術教程』『ソヴェート学生の日記』『性の躍動』『恋愛と新道徳』などの書籍を発行している。

一九二六年一一月一日に創刊された雑誌「世界」の発刊の言葉には、永丘の熱い思いが溢れているので引用しておく。

「世界」が世の光を見るまでには一年かかりました。人は胎内にあること一〇カ月にして産声をあげますけれど、「世界」は、編者の頭のなかで丸一年育まれました。実に難産でありました。難産であっただけに、生まれた「世界」は、雄々しく颯爽たる姿をしています。

評論雑誌界が、一般に行き詰ったといふことをよく聞きます。それは今までの雑誌が、読者本位でなく、経営者たる資本家本位であるがため、無暗と厖大に編輯されるからであります。この評論雑誌界の行詰りを転向するのが、「世界」の使命であります。

「世界」は読者のインタレストにたいしては、どんな犠牲も厭うことを辞さない、読者のための読者の雑誌であらしめたいと思っています。この点で「世界」は、十分に存在の理由をもちます。

「世界」は評論雑誌界の新しい方向を指す革命児で、読者以外に何等の背景がないといふことも断言できます。

当時、永丘智太郎は三五歳。執筆陣には青野季吉をはじめとしてプロレタリア運動の関係者が多いが、佐藤春夫や尾崎士郎、小川未明、芥川龍之介など、そうそうたるメンバーの小説も掲載されている。

長男の智裕は、鎌倉での修業を終えたのちに沖縄に戻り、安國寺を再興した。次男・智照は、千葉県で定年まで教員を務めたあと、僧侶となり伊江島で照太寺の住職になっている。三男・忠郎は大学卒業後、会社勤めを経て不動産会社を自ら経営しながら、夏になると寺で一カ月の修業を積み、それを一〇年続けて僧侶の資格を得ている。

それ以外の残された家族が「沖縄農場」を離れたのは一九五五年。天浪の土地を売り、東京都の国立に移り住んだ。きょうだいのそれぞれが東京で家庭を持ち、生活の根を下ろした。そして永丘智太郎の弟・智行の一家も、同じ頃「沖縄農場」を離れ東京に出ている。

社会活動家として

話は前後するが、「下総御料牧場」への入植決定が「財団法人沖縄協会」の永丘宛てに知らされた頃、永丘は沖縄への帰還運動にも取り組んでいる。終戦以降、着の身着のままで引き揚げてきた引揚者のなかには栄養失調の者が多く、なかでも一九四六年一月からはじまった南方からの引揚者たちは寒さで病人が続出し、乳幼児の死亡も少なくなかった。たとえ焦土と化していたとしても、「あたたかい郷里へ帰すだけでも救援になる」と考えてのことだった。

「沖縄県の疎開者、引揚者、復員軍人、その他の戦争被害者を直ちに郷里沖縄に帰還させろ」「本土にいる沖縄出身者の戦争犠牲者に対し、衣食住の面で特別な配慮を払うよう日本政府に要請すること」

この二点を「沖縄人連盟」の決議事項として、GHQに陳情している。

これを受けてGHQから日本政府に、在日琉球人の人口調査を行うよう命令が出ているのだが、このときに行われた調査は沖縄人に対してだけではなかった。『GHQ日本占領史 16 外国人の取り扱い』(松本邦彦訳、日本図書センター)によると、GHQはアジア系外国人の送還をまえに、帰国を希望する外国人が日本国内にどれほどいるのか調査するよう日本政府に命じている。このなかに、中国人・台湾人・朝鮮人・琉球人とあり、GHQは沖縄人を外国人として認識していたことがうかがえる。

この調査の結果、日本在住の琉球人の数は二〇万人とされている。だが、戦前から内地に出ていて生活の根を下ろして登録しなかった沖縄人もいるはずで、実際にはもっと大きな数字になるはずだ。

沖縄への帰還事業が行われたのは一九四六年八月から一二月までの四カ月間。この間に一四万人を超える人たちが沖縄に帰還している。「沖縄農場」に入植した人たちのなかにも、この帰還事業で沖縄に戻っている人たちがいるのだが、どれほどの人数が戻っているのかはわからない。

東京久米島郷友会の二五周年記念誌に島寛次郎が寄せた「三里塚開拓の思い出」という文章のなかに、こんな一節がある。

昭和二一年九月第一次沖縄引揚げはじまる。希望者は沖縄に帰還してもよいとの許可が来た。食糧不足と開墾の困苦にたえられない年配の方や婦女子や子どもが多数沖縄に引揚げていかれた。僅か半年ほどの共同生活でしたが懐かしい人々です。牧場専属の写真館主小池さんに別れの記念写真を撮影して貰いましたがその写真を見るたびに遠い昔が偲ばれます。

文中では「第一次沖縄引揚」となっているが、ＧＨＱによる沖縄への引揚げは、一九四六年の一二月で終わっている。「沖縄農場」の入植者で沖縄に帰還した人についての記述は、島の手記以外には見当たらない。

「沖縄農場」の建設や沖縄への帰還運動に加えて、終戦後に永丘智太郎が携わった沖縄人救済活動がもうひとつある。それは、内地の大学などに進学していた学生たちの援助だった。戦闘機を作っていた中島飛行機（ＳＵＢＡＲＵの前身）という会社が東京都田無市にあった。一九一七年創業の会社だが、終戦後にＧＨＱによって解体される。そして終戦後、この中島飛行機の独身工員寮を財団法人沖縄協会が借り上げ、復員学徒や独身者の寮としたのが「誠和寮」（沖縄学生寮）だった。当初は学生の入居が多かったものの、次第に沖縄出身の引揚者や住宅困窮者が入居するようになり、当初の目的とはだいぶかけ離れてしまったという。

終戦を境に永丘の活動は、それ以前と大きく趣を変えている。二度目の上京以降、五〇歳前後までは、取材執筆活動を中心に主に出版人として活動した。その後は、拓務省や南洋協会で植民地や移民の調査など、研究者としても働いている。そして終戦後、ひとりでも多くの沖縄人を救うための社会活動に傾倒していく。

永丘はなぜ入植したのか

それにしても「沖縄農場」に入植しながら鍬を握らず、東京との二拠点生活を続けた永丘の目的は、いったいどこにあったのだろう。入植を果たした第一世代に話を聞くことができていたなら、「沖縄農場」での永丘の立ち位置や役割も聞けたかもしれない。

ところで、前述のとおり永丘は、一九二六年に「世界社」を創設し、社主兼主幹として雑誌「世界」を出版しているが、長続きしなかった。その後は以前勤めていた改造社に戻り、モスクワに駐在していた時期もあるようだ。

そして、永丘が「植民地問題に関りを持つに至った最初の機会」と言っているのが一九三六年の四カ月にわたる海外視察だった。訪ねたのは、南洋諸島、フィリピン、台湾など。この視察がのちのちの永丘の方向性を決定づけた。強国の植民地となっている国々に沖縄を重ね合わせ、民族としての自立を目指すという考え方のきっかけになったのだろう。

一九三七年からは拓務省の嘱託職員となり、朝鮮や満州の移民の入植状況などの調査を行い、拓務省直営の拓殖奨励館主事、南洋団体連合会会長、大日本拓殖学会理事などなどを務めながら精力的に海外の植民地における労働事情や小作問題などの調査に取り組んでいる。そして一九四五年三月、朝鮮研究所創立のため内務省管理局の嘱託職員としての勤務がはじまったのだった。

永丘の著書を見ると『比律賓に於ける政策の変遷』『極東ロシア植民物語』『蘭印に於るオランダの政策』『極東の計劃と民族』というように、植民地問題を扱ったものが多い。そのなかの一冊、『極東の計劃と民族』の序文には次のような一節がある。

〈前略〉私の眼につくものは「民族」であった。祖国を失った「民族」のいとほしい姿であった。でもかれらは起上がっていた。新しい祖国愛を認識することによって、かれら自身を活かして行こうとする希望と努力を見て、私は感極まるものがあった。「民族」にも使命がある！　と知り得た私の歓びと、これら「民族」の将来を暗示する若干の観察とを茲（ここ）に纏（まと）めておいた。

さらに献辞には「この小著は絶えず私を『民族問題』の思索に對って鼓舞してくれる故郷、琉球の山河に捧げる」と記している。

一八七九年、琉球王国は武力を背景にした琉球処分で強制的に日本に併合され沖縄県となった。永丘が生まれるわずか一二年前の出来事だ。琉球民族として自立して生きるにはどうすればいいのか。各国の植民地を視察し、その問題を研究しながら、常に沖縄の状況が頭にあったはずだ。いや、逆の言い方をすれば、沖縄の状況を改変するために取り組んだのが植民地問題だったといえる。

そして、永丘は与世盛が描いた理想の農村「沖縄農場」に民族自立の可能性を見出す。日本にいながらにして「沖縄」という空間を創り出し、「自治区」とはいかないまでも、そこでは自分たちの価値観や習慣を維持していくことが可能だ。だからこそ自らも入植者となり、当事者としてその行く末を見てみたいと考えても不思議ではない。永丘は「沖縄農場」を民族自立の実践場と捉えていた、というのも言いすぎではないだろう。

「沖縄農場」が生まれた一九四六年の一二月、永丘は『沖縄民族読本』という書籍を自由沖縄社から出版している。その序文には、それまでになく沖縄に対する素直な思いが吐露されているので引用する。

中年期から私の脳裏にはぐくまれた念願は、民族問題の研究である。印度独立、支那革命、朝鮮及び比島の独立問題、ソ連の東洋民族政策等は、私が最も情熱を捧げた研究テーマであった。

私が、かかるテーマに心ひかれると云うのも、結局は私が琉球に生まれ弱小民族の悲しみを身に沁みて感得したからに外ならない。私は琉球を愛するが故に、偏狭なる親日主義者とはなり得なかった。私は自らの創意になる評論雑誌に、「世界」という名を冠した位であるから、もとより理念的には世界主義者である。日本の封建主義文化を超克し、世界主義精神を把持する者である。

沖縄民族の独立と自治を目指す永丘智太郎と沖縄民族の救済を目指す与世盛智郎。ふたりの目的に違いはあるものの、「沖縄農場」という別天地の実現は共通の目的だった。だが「沖縄農場」が実現されたことで、それぞれの目的が達成されたわけではなく、むしろスタート地点に立ったに過ぎない。

「三里塚農場設置案」「営農計画素案」で与世盛が謳った理想の農村像を、『沖縄民族読本』で永丘が吐露した偏狭な日本を超越した民族的な自立を、それぞれが時間をかけてどのように醸成していくのか。そこにふたりが思い描いた未来の姿があった。

しかし、「沖縄農場」は空港建設の波に飲み込まれ、理想の農村も民族自立の夢も実現されないまま一九七二年、「沖縄農場」の解散で露と消えてしまう。永丘智太郎が世を去ったのは一九六〇年一一月のことだった。

第4章 「沖縄農場」の記憶

私の叔父と叔母の話

新垣家で「沖縄農場」に入植しているのは私の祖父母、盛安、ヒデ、そして私の父盛克と朝子、和哉、盛宏の六人。朝子、和哉、盛宏は三里塚小学校に通っている。

現在はみな東京都内の在住だが、昔は正月になると親戚一同が集まって新年会が行われた。また、お彼岸には千葉県の松戸市にある都立霊園のお墓に、御馳走を持ち寄って集まったものだった。祖父母が亡くなり、叔父叔母が高齢になり、いとこたちもそれぞれに独立した今、親戚が一堂に集まる機会はほとんどない。

一九四五年、台湾で終戦を迎えた新垣家は引き揚げを余儀なくされる。しかし、沖縄に戻ることはできない。盛克からの便りで鹿児島県の国分に土地をもらったことはわかっていた。一九四六年、とりあえず国分を目指して、引き揚げ船に乗り鹿児島に渡ることにした。だが、台風の接近で鹿児島港には入港できない。次の寄港地である和歌山県の田辺で船を降りることにした。ところが、そこも台風の影響で寄港できず、船を降りることができたのは神奈川県の横須賀だった。この時点で、盛克が鹿児島県の国分ではなく、千葉県の三里塚に入植していることは誰も知らない。

横須賀まで来たのであればいうことで、鹿児島に向かう前に東京の根津で教員をしていた祖父の弟・盛敏を訪ねると、盛克は国分へは行かず、千葉県の三里塚に土地をもらい、農業をしていることを知らされる。盛敏から知らせを受けた盛克が根津まで迎えにきて、家族は再会を果たす。行き先を失っていた家族は、盛克とともに三里塚に向かい、「沖縄農場」の厩舎での生活がスタートした。

私の叔父や叔母は、「沖縄農場」がどういう経緯で誕生したのかを知らないまま入植している。また、盛克がどういう経緯で「沖縄農場」に入植したのかも聞かされていなかった。改めて当時の話を聞いてみると、与世盛智郎をして「何もしないくせに威張っているじいさん」という驚きの発言が飛び出すほど、何も知らなかった。

私の叔父や叔母たちの「沖縄農場」の記憶は、厩舎での生活からはじまっている。なかでも入植当時一二歳だった次女朝子の記憶は鮮明で、新垣家がいたのは「角からふたつ目の馬房で、隣が東門口(とうもんぐち)さん、ここが眞栄田(まえだ)さん、こっちが新城さん」といった具合に厩舎内の位置関係まで覚えていた。以下は朝子から聞いた話となる。少し長くなるが、「沖縄農場」のことがよくわかる内容となっている。

「私が『沖縄農場』に行ったのは六年生の五月だったかな、まだ寒かったよ。馬小屋のなかは人がいっぱいいて、それなのに井戸がひとつしかなくて水を汲むのにも毎日行列してた。おばちゃんたちが行ったのはヨシ兄さん（筆者注：弟や妹は父をこう呼んでいる）がひとりで入植して二カ月くらいたってから。ちょうどいろんなところから人がいっぱい集まってきた時期で、馬小屋は満室だった。入れなかった人もいて、親戚同士で一軒家に住んでる人もいた。馬小屋は長方形じゃなくて、ちょっと鉤型に出っ張ってる部分があって、そこに与世盛さんがいた。

うちのお隣が東門口さんで、そこの女の子が和哉（朝子の弟）と同級生で、和哉がしょっちゅうその子をいじめていたから学校から帰ると『また和哉ちゃんに殴られた』って報告するの。そうするとお母さんが『そんな奴はいくら勉強ができてもダメなんだよ！』ってうちに聞こえるように言うのよ。肩身が狭かったね」

「沖縄農場」の人間関係が密であったことがわかるエピソードだ。では、農場での生活はどんな感じだったのだろうか。

私の叔父や叔母たちが入植した一九四六年五月といえば、「沖縄農場」が産声を上げてから二カ月ほど。入植者たちは畑の開墾作業の真っ最中で、当然ながら畑からの収穫物などありはしない。私の父、盛克によれば、開墾したそばから収穫までの期間が短いジャガイモの植え付けをしたものの、配分された一町歩の土地をすべて開墾し終わるのには約一年かかり、それでも一年で開墾を終えたのは入植者のなかでも早いほうだったという。

そのため、入植者たちは食料を手に入れるため、わずかばかりの現金や物々交換するための衣類などを携えて近隣の農家に買い出しに出かけた。畑の開墾は私の父、盛克が担い、祖父母や小学校の高学年だった朝子はリュックを担いで買い出しに出かけたという。

「大きな農家に行ったらね、食べるものに困ってなかったんだろうね、犬が白いご飯を食べているの。それなのに青くなったジャガイモしか分けてくれなかった。しょっちゅう買い出しに来る人がいて嫌だったんだろうね。

でもね、みんながみんな青いイモを出してきたわけじゃないよ、それとは逆にイモを分けてもらったら、かわいそうだと思ったのかいろんな野菜をおまけしてくれることもあった。だけど、気持ちはとても哀れだった。あんまり食べるものがないのに、子どもなのに、おじいちゃんやおばあちゃんに連れられて、田んぼのなかを歩いて、山道を歩いて、大きな犬に吠えられたりして」

戦中から続いていた政府による食料の配給はこの頃にも行われていたが、終戦後に海外からの復員兵や引揚者の増加で、むしろ戦時中より厳しい状況に追い込まれ、遅配や欠配が珍しくなく、都市部では餓死者も出ている。

その一方、「沖縄農場」にはかつて与世盛が暮らしていたハワイから援助物資として古着が送られ、入植者たちに配分されている。笑い話のようだが、吉岡みな子によれば、小学校に行くのに弁当はピンポン玉ほどのジャガイモ数個なのに、「着ているものはピンクのかわいい服にフリルのついたひらひらのスカートで、天浪の子どもはオシャレだった」という話もある。そしてこの援助物資として送られてきた服も、自分たちが着るもの以外は物々交換で食料に生まれ変わり、入植者たちの命を繋いでいる。

新垣家の場合、買い出しに出かけたのは祖父母が中心だったが、当時一六歳だった私の父も時折出かけている。

「ヨシ兄さんはどういうわけだか農家の人と仲よくなっちゃうのよね。ヨシ兄さんと行くと分けてくれる農家も多かった。ある農家のお兄さんがギターを持っていて、それを見てたらギターを弾きたくなったらしいの。古いのを安く譲るよって言われて買いに行ったら、ギターじゃなくて子ヤギを連れて帰ってきたこともあった。おばあちゃんがびっくりしちゃってね、子ヤギを見ていたらかわいくなってギターは買わないでヤギが欲しくなったんだって。まだ一六歳だったからね。だから相手に好かれる人とそうでない人にも差があった。

ヤギはかわいかったよ。最初は一匹だけだったんだけど、だんだん増えてね、ギンベイっていうオスのヤギもいて、それは働き者だったよ。牛や馬みたいに荷車を引かせると目をひん剝いて引っ張ってね、収穫した野菜とか、道具なんかもいっぱい運んでくれた」

入植二年目からはジャガイモやサツマイモの収穫が本格的にはじまり、買い出し生活に終止符を打つことができたものの、食事は朝昼晩とも芋やカボチャばかり。調味料も塩以外になく、毎食同じ味が続くとうんざりしてくる。かといってほかに食べるものはなく、水や味噌汁で無理やり飲み込んでいた。

「お味噌は三里塚の町に出たときに買うんだけど、お味噌汁の具がなくてね。ビンボー草ってみんなが呼んでいた野草を摘んできてそれを入れてたけど、あれはアクが強くてね。今でも東京ではえてるのを見ると、昔はこれを食べていたなあって思い出すよ」

芋類の収穫で慢性的な食料不足から開放された二年目以降、一町歩の畑の開墾も完了し、ようやく本格的な農業経営がスタートする。とはいうものの現金収入は未だ皆無で、換金作物ばかりでなく、自給用の食料も生産しなければならなかった。二年目からは芋類ばかりでなく、米の栽培もはじまっている。

白米の生産といえば水稲栽培が主流だが、「沖縄農場」の土は水はけがよく、水稲には不向きだった。そのため水田ではなく畑で稲を育てる陸稲を栽培している。現在でも茨城県や栃木県では陸稲が栽培されているが、収穫された米は白米としてではなく、おかきやあられの原料として流通している。

「お米を食べられるようになったのは三年目。最初に陸稲が収穫できたときはとてもうれしかった。これでやっとサツマイモやジャガイモから解放されると思って。最初はみんな陸稲で大満足だったんだけど、やっぱり田んぼで作ったお米のほうがおいしいじゃない。陸稲も収穫したての頃はおいしいんだけど、時間がたつとパサパサでおいしくないんだ。だから換金作物の落花生なんかを作りはじめてお金が入るようになると陸稲を作るところもだんだん少なくなって、ようやっとおいしいお米も買えるようになった。

おばちゃんは高校生で天浪を離れて東京に行ったけど、ちょうどその頃かな、陸稲はまだ作ってたけど落花生とか胡麻も作りはじめてた。落花生の殻をむくのは子どもの仕事で、おばちゃんもやってたよ。おばちゃんだけじゃなくて、よその家も一緒だと思うけど子どもたちもよく働いたよ。畑の草取り、ランプの掃除。料理の手伝い。料理っていってもサ

「下総御料牧場」で撮影されたと思われる宴会の様子。手前の男性が三線を演奏している
（吉岡みな子氏所蔵）

ツマイモを蒸かすだけだけど」

朝子の話からは、「沖縄農場」の暮らしが年々豊かになっていくさまが伝わってくる。買い出し生活を経て、飢えからは解放されたものの芋を主食とした二年目。陸稲を栽培し白米を食べられるようになり、換金作物の生産がはじまった三年目。自給自足の生活からようやっと一人前の農家としての自立が近づきつつあった。

早朝から暗くなるまで、日が沈んでからも月明りを頼りに、入植者たちは身を粉にして働いた。土曜も日曜もあったものではない。ゆっくり休めるのは雨の日ぐらいという生活のなかで年に三回、「沖縄農場」を上げての休日があった。正月、三月六日の入植記念日、それからお盆。全員が集まって沖縄料理がふるまわれ、昼間から酒盛りがはじまり、三線の音色が響き、踊り出す者もいた。

「毎年三月に入植記念日っていうのがあって、いろんな御馳走が並ぶんだけど、怖かったのは、ドラム缶で煮たヤギ。できあがったのを食べたけど臭くて嫌だった。もちろんほかにもいろいろおいしい沖縄料理もあるんだよ。でもヤギは強烈だった。入植記念日のほかにも、盆踊りもしたよ。舞台を作って、そこで歌を歌う人もいたし、三線が上手な人もいたし、おばちゃんも同級生と踊りだったかなんかやったような気がするけど、あんまり覚えていないないな」

ヤギ料理は沖縄の定番で、祝い事などがあるとふるまわれることが多い。昔からスタミナ料理としても知られているが、独特の臭みがあるため、ヨモギや柑橘類の葉を加えて煮込んでいく。現在では一般家庭で調理されることは少ないものの、妊婦や病後の栄養食としても食されている。

BON DANCE

「沖縄農場」では、年に何度か祭りが行われていたことは取材で聞いていた。「久米島郷友会」に寄せた島寛次郎の手記には、「みなで朝までエイサーを踊った」という記述があるし、永丘智太郎の姪・嘉数智子も「見よう見まねでエイサーを踊らされた」と証言している。

また、エイサーとは別に、朝子が言うように盆踊りをした記憶があるという人もいたが、「いや、『沖縄農場』なんだから盆踊りなんてするはずがない」という人もいた。当初は、私も「盆踊り」は勘違いなのではないかと思っていた。だが、調べてみたところ、もしかすると「沖縄農場」でも「盆踊り」が行われていたのではないかと考えている。

与世盛が長らくハワイにいたことは前述した。現在、ハワイでは毎年六〜九月の週末ごとに各寺院の主催で「BON DANCE」というイベントが行われている。各寺院の開催日が重ならないように調整され、そのスケジュールは新聞にも掲載される。日系人ばかりでなく、多くの人が詰めかけるハワイの一大イベントになっている。

ＢＯＮ ＤＡＮＣＥにはオキナワ系と本土系があり、なかでも与世盛が設立した慈光園のＢＯＮ ＤＡＮＣＥは沖縄の伝承曲のレパートリーが豊富で、オキナワ系のなかでも多くの人が集まる人気のイベントになっている。

ＢＯＮ ＤＡＮＣＥは、日本からの移民がはじまった一九世紀の後半に、各地のサトウキビプランテーションで自然発生的にはじまった盆踊りがルーツになっている。集客力に目を付けた寺院が、「仏教徒以外にも足を運んでもらえれば仏教を身近に感じてもらえる」ということで境内を開放して行われるようになる。やがて、その思惑どおり、仏教徒や日系人以外の人々も大勢集まるイベントになり、現在のＢＯＮ ＤＡＮＣＥが定着した。

与世盛がハワイにいた時期にＢＯＮ ＤＡＮＣＥと呼んでいたかどうかはともかく、似たようなイベントは行われており、多くの人が集まり笑顔で踊る様子が見られたはずだ。だとすれば、これを逆輸入して「沖縄農場」でも盆踊りを行っていたとは考えられないだろうか。

さらにもうひとつ。一九七二年、与世盛が故郷の久米島に久米島本願寺を作ったことは前述したが、かつてこの寺院前の広場（というか、パチンコ屋の駐車場）でも、エイサーではなく盆踊りが行われていたことが確認されている。その規模は不明だが、久米島の商工観光課に問い合わせてみたところ、当初は久米島本願寺と具志川村商工会の協力で行われていたという。

二〇〇二年に具志川村と仲里村が合併して久米島町となって以降、毎年島を挙げて夏に行われている久米島祭りでも盆踊りが行われていて、「久米島音頭」というものまで作られている。

与世盛が久米島に作った寺院前の広場で盆踊りをはじめた当時のことを知る職員がすでにいなくなり、久米島博物館にも問い合わせたが、寺で行われていた盆踊りが、どういう経緯で島を挙げてのお祭りでも行われるようになったのかはわからないという。このような経緯を見てみると、「沖縄農場」で盆踊りが行われていた可能性はかなり高いのではないかと思えてくる。

三里塚小学校と遠山中学校を卒業したのち、朝子は高校進学を機に「沖縄農場」を離れ、東京に出ている。わずか三年ほどの「沖縄農場」暮らしなのだが、その間に見たこと、聞いたこと、体験したことを、彼女は驚くほど鮮明に覚えていた。なかには「沖縄農場」の負の側面といえるような話もあった。

夜中に鎌や鍬で武装して「下総御料牧場」に忍び込み、職員を脅して倉庫からトウモロコシの袋を盗んできた三兄弟の話。みなが着の身着のままの時代、上下真っ白のスーツを着こなし、お土産をたくさん抱えて時折帰ってくる、新宿のとある暴力団に所属していたお兄さんがいたこと。「沖縄農場」の中核を担っていた久米島出身者たちの結束が固かったことも、実感していたという。

一方で、何事においても主導的立場にあった久米島出身者たちが方向性を決めてしまい、そのことに対して不平不満を漏らす入植者もいたという。

具体的な話を挙げよう。厩舎を出たあと、各々が所有する畑の隣に家を建てたわけだが、そのとき、久米島出身の血縁者たちは厩舎前にあった広場にまとまって家を建てている。「自分たちだけ固まって」と祖母に愚痴をこぼしに来た入植者がいたことを覚えていた。

小学校の高学年から中学校の三年間という、人生のなかでも多感な時期を過ごしたせいか、八〇歳を過ぎて思うように外出できなくなるまで、朝子は毎年のように小中学校の友人たちと三里塚で集まることを楽しみにしていた。だが、改めて話を聞くまで、なぜか朝子の口から「沖縄農場」のことを聞いたことはなかった。朝子だけではない、盛克にしても和哉、盛宏にしても、一堂に顔を合わせる機会が多かったにもかかわらず、誰の口からも「沖縄農場」の話が話題にのぼることはなかった。

山が学校だった

朝子のきょうだいは生真面目な者ばかりのなか、すぐ下の弟、和哉はひとりだけ毛色が違っている。豪放磊落で甥たちから人気があった。朝子に言わせると、子どもの頃は「悪いことばかりして」手の焼ける弟だった。

「天浪に行ったのは二年生だったよな。ゆずるが来るっていうから天浪のことを昨日から思い出そうとしているんだけど、思い出せなくて。あとは喧嘩したことしか覚えてないな。君のオヤジには手伝いをさぼってよく引っぱたかれたよ。それでも怒られるの覚悟して逃げてた。殴られてでも遊んだほうがいいと、そういう覚悟だった。畑の雑草取りをやらされても、逃げ出して遊びに行くとみんないたから、手伝いなんかしているのはウチくらいのもんだったんじゃないのか？」

学校に行きたくないときは「山学校」と称して学校をさぼり、下校時間まで山のなかで過ごした。しかもひとりでさぼるわけではなく、何人も仲間を連れて山に入る。そんな日は昼になると「天浪の子どもたちが何人も来ていません」と学校からの伝言が入る。山のなかには秘密の場所があり、アケビが群生してるところがあった。

「あれは旨かったな。冬は山栗。歯で割って食べるとこれが旨いんだよ！　昼飯って言ったってピンポン玉くらいのジャガイモが二個くらいだろう、とても足りない。腹が満たされないいんだよ。だから山学校は食べ物を採りに行ってたようなもんだ」

山のなかで過ごしていると人に出くわすこともある。運が悪いと学校に通報されることもある。何食わぬ顔して家に帰り、両親からこっぴどく叱られる。それでも和哉は「山学校」を続けた。

「なんだろうね、あの頃は『悪い』っていう概念がなかったのかもしれないな。だから天浪にいた三年間の記憶はいつも腹が減っていたことと遊んだことしかないんだよな。あと覚えていることといえば冬がとても寒かったことかな。靴下なんてないからどんなに寒くても裸足だよ。しかも靴もないから下駄履いて。天浪から学校までは山道で、下駄の裏側に雪が張り付いて歩きにくいんだよ。裸足になって下駄の雪を落とすんだけど、それを学校に行くまでに何度か繰り返して。学校でも上履きなんてないから裸足だよ。とにかく足が冷たくて痛かった。

あの辺のお百姓さんは、沖縄からの引揚者は怖いっていう感覚があったみたいだね。山で遊んでたときに知らないおじさんと出会って、『お前らどこから来たんだ』って言うから天浪だっていうとギョッとした顔してちょっと引くような、それは記憶にあるな」

井戸の水汲み、畑の草むしり、落花生の殻むき、家畜の世話……。これまで聞いていた話では、子どもたちは遊ぶ時間を削って親の手伝いをするのが当たり前という話ばかりだ。同じ環境同じ空間に暮らしながらも和哉は、まったく違った時間を過ごしている。あきれるよりもむしろ、こういう時間を過ごしていた子どもがいたことに妙に安心してしまった。

ひもじさの記憶

最後に話を聞いたのは盛宏。吉岡みな子の言う「ヒロシちゃん」がこの叔父になる。盛宏は兄弟のなかで最も長く「沖縄農場」で暮らしている。

開墾したそばからジャガイモやサツマイモを作っても、自給自足で消費してしまい現金収入はまったくない。進学を控えていた叔父や叔母の学費を捻出するため、まず祖父が東京に出て会社勤めをはじめる。やがて盛克、朝子、和哉が進学のため東京に出る。入植からわずか三年で「沖縄農場」に残ったのは、祖母と盛宏のふたりきりになった。

「三里塚でいちばん覚えているのはとにかくひもじかったことかな。緑色になったジャガイモとか、かすかすになったサツマイモとかそういうのをもらってきて食べてた。だからジャガイモは大嫌いだった。天浪ではヘンに硬かったり苦かったりまともなものを食べてないもの。それでもお腹がすいてすいてしょうがなかったから食べてたけど。

何がおいしいとかさ、あれを食べたいとかそういうことじゃないんだ。なんでもいいからとにかく腹にものを入れたいという。あの当時の記憶があるからかもしれないけど、どこどこの何を食べたいとか、あそこのお店に行ってあれを食べたいとか、そういうのは今でもない」

「沖縄農場」を離れて七〇年を経過しても、忘れられない食べ物の記憶があるという。入植一年目、盛宏は小学校に入学したばかりの六歳だった。盛克が畑で開墾作業中のこと。ちょうど昼時を迎え、茹でたジャガイモを盛宏が畑まで届けることになった。持って行ったものの、盛克はいつもよりひとつ少ないと文句を言う。落とした記憶はないが、怒られるのが怖かったため、来る途中に転んで落としてしまったと嘘をついた。

すると「どうして転んだのか、どこで落としたのか」と執拗に盛宏が問い詰められる。しまいには転んだところに行って探そうじゃないか、と盛宏を肩車して転んだという場所まで案内させた。まるで現場検証だ。

もしかすると、その日はジャガイモの数がいつもより少なかったのかもしれない。仮に盛宏が落としたのだとしても、覚えがないからどこで落としたかわからない。見つけられるはずがないことに焦った盛宏は、さらに嘘を重ねる。

「ころころ転がってヘビが出てきてパクッて食べちゃった」

怒られたくないがゆえにとっさについてしまった嘘なのだが、どうしてあんな嘘をついてしまったのか。七〇年以上たった今でも悔しくて忘れられないという。硬くておいしくない小さなジャガイモひとつに執着した一六歳の盛克と、叱られたくないために嘘をついてしまった六歳の盛宏。笑い話のようではあるが、裏を返せばそれだけひもじい思いをしていたということだろう。

「みんなよく働いたよ、だから同級生たちともしょっちゅう一緒に遊んだ記憶はない。みんなそれぞれ家の仕事を手伝っていたから。でもお正月なんかは馬小屋のところにみんなで集まってお料理食べたりした記憶はあるな。

天浪から小学校に通っていた同級生は、僕を含めて五人かな。みな子（吉岡みな子）ちゃんのお父さんが国語の先生、永丘君のお父さんが絵の先生。三里塚小学校で成績がよかったのは、だいたい天浪地区だった。おじちゃんは真面目だからちゃんと学校に行ってたんだけど、和哉兄はすごかったな。学校に行かずに同級生や犬を引き連れて山に遊びに行くんだ」

入植から三年後。盛克、朝子、和哉が「沖縄農場」を離れ、それぞれ進学のため東京に出る。残されたのは、私の祖母ヒデと盛宏のふたりだった。その頃には開墾も終わっていて、落花生、サツマイモ、スイカなどの畑仕事はヒデでがひとりでやっていた。だが、ひとりでは手が回らなくなり、人に頼んでやってもらうことになった。

「結局ひとりで畑をやるのは無理で、よその人に畑仕事を頼むことにしたんだ。ところがね、最後はその人に畑を乗っ取られた感じ。あれはどこの人だったんだろう。三里塚の人じゃないよ。

あの頃はね、世の中全体の雰囲気として自分のことだけじゃなくて家族のため。家族のためだけじゃなくて集落のため、集落のためだけじゃなくてみんなのために動く。そんな感じだったと思う。天浪だったら『沖縄農場』っていう集団のために一緒にやろうっていう雰囲気があったような気がする」

乗っ取り騒動

盛宏から穏やかではない話が出てきた。「最後は結局乗っ取られた感じ」。父からも、ほかのきょうだいからも、そんな話は聞いたことがない。ふたたび父や叔母に話を聞いてみると次のことが判明した。

私の祖父、盛安が台湾の小学校で校長をしていたとき、軍事教練で来ていた陸軍の兵隊数人が学校に隣接する建物に住んでいたことがあった。そのなかのひとりに山梨県出身のIという男がいて、祖父の家によく遊びに来ていた。

戦争が終わり、日本に引き揚げ、「沖縄農場」に入植して三年後、どこで居場所を聞きつけたのか、このIが訪ねてくる。このとき、すでに祖父盛安は東京で、盛克も朝子も和哉も「沖縄農場」を離れており、残っていたのは祖母のヒデと盛宏だけだった。

「女手ひとつで畑をやるのは大変でしょう。台湾では散々お世話になりましたからお手伝いさせてください」と言葉巧みに取り入り、信じたヒデは畑を手伝ってもらうことにした。ところが収穫期を迎えると、Iの態度が豹変する。作ったものを横取りし、自分の畑のように次々と勝手に作物を育てはじめる。「話が違う」と文句を言うと、山梨から弁護士を連れてきて、千葉県庁から何度も呼び出しを受けることになる。

名義上の畑の持ち主である盛安がいないにもかかわらず、Ｉに農作業を依頼し、さらに賃金も払わない。新垣家の管理不行き届きという判断が下される。ところが、災難はこれだけでは収まらず、のちに「沖縄農場」全体を巻き込んでの騒動に発展する。

この結果、Ｉを農場に引き入れた新垣がそもそもの元凶だということになる。そして、この件で揉めているなか、東京都北区滝野川に新築された木造一戸建ての都営住宅への入居が抽選で決まり、ヒデと盛宏は「沖縄農場」を離れている。立つ鳥、大いに跡を濁した状況だ。一九五一年九月、入植から五年、結局農家としての生活を成り立たせることができないまま、新垣家は「沖縄農場」での生活に幕を下ろす。

新垣家が所有していた農地は、隣接地に畑を所有していた山里家と宮城家が折半する形で耕作することになったのだが、新垣家が「沖縄農場」出たあとも、Ｉに絡む騒動は収まらなかった。

経緯は不明だが、新垣が出たあとの土地は、Ｉに売却するという判断を千葉県が下している。強引に乗り込んでおいてそのまま居座ろうとするＩに土地を売却するなどということは、「沖縄農場」としては納得がいかない。そこで作られたのが「開拓地売渡に関して県当局の善処を要請す」と題された千葉県宛ての文書だ。

製作者は下総開拓農業協同組合員一同。その内容は、沖縄出身者がどういう経緯で御料牧場に入植したのかにはじまり、さらに新垣家の入植地を不法に占拠したIに対して県が土地売渡を決定したことに対する抗議である。同時に、Iへの農地売り渡しを考え直してほしいという嘆願書にもなっている。Iによる騒動がどのようなものだったのか、この文書を軸に追ってみる。

新垣の農作業を手伝うという約束で「沖縄農場」にやってきたIは、新垣の土地を不法に占拠し、誰の許可も得ないまま住居まで建ててしまう。新垣が出たあとの農地は、隣接する畑を所有していた山里と宮城の両家が、折半で買い取ることになっていた。しかし、Iが立ち退かないため、どうすることもできない。「沖縄農場」としてたびたび土地の返還を求めたものの、一向に聞き入れようとしない。困り果てた末、一九五二年一月二五日、千葉県開拓課に介入してもらう。

1　替地を見つけたときは立ち退くこと

2　それまでは一町歩のうち七反歩の耕作は認める（残り三反歩は山里、宮城の耕地とする）

こうして、「沖縄農場」側としてはかなり譲歩した形でIとの調停が成立する。

ところがIは、その調停に耳を貸すどころか、とんでもない手段で反撃に出る。まずIは「沖縄農場」に隣接する「三里塚第一農業協同組合」に組合員として加入する。その上で、県開拓課に対して耕作地を七反歩ではなく、山里、宮城の耕地とした三反歩を返還しろ、採草地の権利もよこせという主張を繰り返す。

さらに、山里と宮城は国有林を違法に伐採しているという嘘の情報を、「三里塚第一農業協同組合」の組合長名で新聞社に密告。信じられない話だが、新聞社は山里と宮城に取材しないままIの言い分を信じ込み、保安林盗伐の記事が新聞に掲載されてしまう。

一九五五年一〇月三〇日付の朝日新聞千葉県版では、天浪の保安林二反歩が盗伐され畑地に開墾されたという記事が掲載され、同じく一一月一三日付の記事では入植者の山里昌英が無断で保安林を伐採して畑地に開墾したため、成田警察署が告発する予定とある。記事では、山里の実名のみならず、二回目の記事では勤務先の中学校名まで書かれている。

保安林とされたのは一九五二年「下総開拓農業協同組合」に千葉県から払い下げられた

採草地で、「沖縄農場」の住民たちは家畜の飼料としてここを利用していた。新聞記事が出たことで、山里は無実であるにもかかわらず、定年を間近に辞職に追い込まれてしまう。

先に紹介した「開拓地売渡に関して県当局の善処を要請す」という文書は、以上の経過説明をした上で、最後は次のように結ばれている。

「われわれは、終戦直後において宮内省、厚生省、千葉県当局、占領軍当局の多大なる同情と援護を受けてここ三里塚に入植してきました。それからというもの、県開拓課の指示に従って組織をもって集団生活をしてきました。郷に入らば郷に従えで、地元民ともよく融和し、とくに地元の教育面には若干の寄与を致しております。〈中略〉

県当局は、われわれの組織を無視し、われわれに管理を委せられた土地を非合法的に占拠して、一切の義務を果たしていないI個人に味方する如き措置は甚だ不当である。県当局のいう『開拓行政の趣旨』からいって、まさしく再検討を要請するゆえんである」

この文書が記されたのは一九五六年一月。新垣家が「沖縄農場」を出てから四年半が経過してもIが居座り続けていたということになる。その後、どういう話し合いがもたれたのかは記録がないので不明だが、最終的にはIが土地を明け渡し、当初の予定どおり山里、宮城両家で新垣の土地を折半している。

一同が集まっても「沖縄農場」時代の話が出なかったのは、このようにあと味の悪い去り方をしたせいなのか。それとも、苦労の思い出しかなかったせいなのか。いずれにしても新垣家にとって「沖縄農場」への入植は、戦後の混乱期を生き延びるためのひとつの手段であって、農業を一生の仕事とするという決意のもとの入植ではなかった。

「沖縄農場」を離れて東京に出た私の父、新垣盛克は、裁判所に勤めながら夜間高校と大学に進学しているが、「沖縄農場」を去るきっかけとなったのは盛克の兄、盛正の一言だった。

「あるとき天浪に盛正が来て僕に言ったんだよ、『いつまでもこのままでいいのか、ずっとここで農業を続けるつもりなのか』と」

盛克自身も農作業に明け暮れているのは仮の姿で、いずれは進学するのは当たり前だと考えていた。だが、進学したくてもその費用がない。盛克の下には中学生や小学生の妹や弟がいて、親に進学の費用を出してもらうわけにもいかない。一町歩の開墾も終わり、現金収入は少ないものの、どうにか自分たちが食べるためだけなら困らなくなっていた。そろそろ自分の将来のことも考えないといけない。盛克が「沖縄農場」を離れ、夜間高校に通いはじめたのが一九四八年九月。「沖縄農場」には二年半しかいなかったことになる。

「食べ物がなくて栄養失調で目がかすんで、それでも開墾を続けて。一〇年くらい農業をやっていっぱしの農家になったつもりでいたけど、計算してみると三年弱しかいなかったんだね。井戸も掘ったしニワトリも飼ったしヤギもいっぱい飼ってた。三里塚で過ごした時間はほんとうに濃密な時間だったと思うよ」

「沖縄農場」を離れてから数年後。盛克は、神奈川県鎌倉市で思いもよらない形で永丘智裕と再会を果たしている。出張で鎌倉の地方裁判所に行った折、時間が空いたため数人で円覚寺を訪れた。境内を歩いていると掃除をしていた若いお坊さんが走り寄って声をかけてきた。

「よっちゃんじゃない?」

知り合いにお坊さんなどいなかった盛克は、誰だろうといぶかしみながらも顔を覗くと、それは「沖縄農場」で苦労を共にした永丘だった。智裕は沖縄戦で焼失した沖縄県那覇市首里にあった実家の安國寺を再建するため、安國寺と同じ臨済宗妙心寺派の本山である円覚寺で修行中だった。その後、円覚寺での修行を終えた智裕は沖縄に戻り、安國寺の焼け跡にプレハブ小屋を建て、寺の再建に奔走している。

「安國寺」の現住職に寺の再建がいつだったのか問い合わせてみたが、正確にはわからないものの、一九六五～六六年頃ではないかというのが答えだった。

第5章　その後の「沖縄農場」

与世盛智郎の離村

入植から四年後の一九五〇年、「沖縄農場」は転機を迎える。放牧地を開墾し、今日一日をどう乗り越えるのか必死に生き延びた入植当初。芋の収穫がはじまり、慢性の飢えから解放された二年目。落花生や麦などの換金作物の栽培がはじまり、なんとか生活の目途が立ってきた三年目。当初描いた理想の農場にはほど遠いものの、徐々に入植者たちの生活も上向き、つつましくも落ち着いた生活を送れるようになったことを見届けて、与世盛が布教活動のためハワイに戻る。

その後の与世盛の足跡をたどると、一九五二年までハワイで、一九五四年まではブラジルで布教に従事した。その後は、いったん日本に戻り、一九五六年から一九六〇年にかけてふたたびハワイで布教活動に従事したのちに帰国している。一九七二年、久米島に久米島本願寺を建立し、一九八一年まで久米島で暮らしたのち、那覇に暮らす家族のもとで晩年を過ごしている。そして一九八六年、東京に暮らす長女の家を訪ねたときに体調を崩し、九二歳で病没した。

与世盛智郎が久米島町仲泊に建立した「本願寺久米島布教所」

久米島を訪れた際、私は久米島本願寺を訪れてみることにした。だが、いくら探してみても見つからない。住所は合っているはずなのに寺がない。近所の方に聞いてみると、つい今しがた通り過ぎたパチンコ屋の駐車場にある、コンクリート製の箱型の建物がそれだという。何度も前を行き来していたが、集会所か何かだろうと思っていた。イメージしていた寺の姿とはあまりにかけ離れている。なかを見せてもらおうとドアをノックしてみたが、誰もいない。窓からなかを覗いてみると板張りの床で、奥のほうには本尊が安置されているのか、その部分だけ畳が敷かれていた。

のちに確認したところ、久米島本願寺は沖縄本島の浦添市にある本願寺沖縄別院の分院という扱いで、正式名称は本願寺沖縄別院久米島布教所。普段は無人で、行事があると浦添の別院から僧侶が派遣されるということだった。

一九四六年の「沖縄農場」設立直後、入植者たちは与世盛智郎を組合長に「沖縄開拓農業協同組合」を設立している。農業協同組合の役割は、相互扶助と営農者の経済的社会的地位の向上を図ることにある。とはいえ、組合長である与世盛からして、農業経験のない素人であったため、組合はあるものの組織として機能していたとは言いがたい。

組合設立当初から一九五〇年まで、与世盛が組合長を務めていた。その後、与世盛のハワイ行きを機に組合の再編が行われている。名称も「沖縄開拓農業協同組合」から「下総開拓農業協同組合」に改められた。『千葉県戦後開拓史』によると、初代組合長には照屋勝雄が就任したとある。そして、この頃から農業協同組合としての活動も本格的になっていく。

それまでは入植者たちが個々で細々と行っていた養豚や自家用に毛が生えた程度の養鶏などを、組合として組織的に取り組むようになる。また、換金作物では落花生と大麦が比較的高値で売れるようになり、そのおかげで生活も安定した。ほかにもスイカやメロン、サトイモ、トウモロコシ、クリなども出荷できるようになり、「沖縄農場」はようやく一人前の農村らしくなりつつあった。農業だけでなく、それまでは幅の狭い山道だった天浪から三里塚小学校への通学路を、組合員の普請で整備している。

だが、組合としての取り組みがどれもうまくいったわけではない。『千葉県戦後開拓史』に収録されている「下総開拓の歩み」（山里昌英・上江洲智宰・新城寛政・上江洲智昭・島寛次郎・東門口俊英・東門口武八）には次のような記述が見られる。

「養豚、養鶏の協同飼育も試みたが途中で休めた。時勢の波に乗り、酪農、養蚕も試みたが技術の未熟や相場の変動にもまれて長続きしなかった。昭和三〇年から営農も軌道に乗り、麦一〇〇俵余り、落花生一八〇袋、養豚三〇〇頭の生産農家も出現した」

さらに上江洲智泰の『久米島と私』にも、当時の様子が記されている。

「耕作だけでなく、豚、鶏、羊など畜産業にも手をひろげることを考えた。最初の帰郷の折には、琉球農連に頼んで豚のハンプシャー種を導入するなど、積極的にその展開に取り組んだが、思うような成果は得られなかった。〈中略〉

その後、時勢に遅れまいと酪農、養蚕も試みたものの失敗に終わった。食品工場を設立して、澱粉の加工製造にも着手したが、統制品目から澱粉がはずされると相場が下落し、立ち行かなくなった。こうして成功よりも失敗のほうが多いくらいであったが、開拓事業は一歩前進三歩後退をくりかえしながらも徐々に進んでいった」

終戦から五年を経て、人々の暮らしも戦後の混乱期から立ち直り、落ち着きを取り戻しつつあった。この頃、「沖縄農場」でも試行錯誤を繰り返しながら、なんとか続けてきた農業がようやく軌道に乗り、農家としての自覚と自信が芽生えていたことだろう。

「沖縄農場」の高度経済成長期

「下総開拓農業協同組合」として取り組んで特筆すべき成果を上げたのは、なんといっても電気の開通にほかならない。これまでたびたび書いてきたが、「沖縄農場」には入植当初から電気が通じていなかった。日々の暮らしはランプの明かりが頼りで、一晩中ランプを点けておくと朝には鼻のなかが黒くすすけてしまったという。

入植直後から、電気を引いてくれるよう電力会社に繰り返し要請していた。しかし、開拓村は世帯数が少なく、家屋も点在しているため、電柱の設置や電線の架設など一軒当たりの設備投資に費用がかかりすぎて採算が取れないとの理由で断られ続けた。

オール電化の家も珍しくない昨今では考えられない話だが、一九五〇年代後半になって、冷蔵庫、洗濯機、テレビのいわゆる「三種の神器」といわれる家電が出てくるまで、一般家庭で消費される電力の多くが明かりを灯すためのものだった。当然ながら、家庭の電力消費だけでは電力会社の利益はたかが知れている。「開拓村は経費がかかる割には大した売り上げが見込めない」というのも、当時の電力会社としては仕方のないことだったのかもしれない。

ただし、三里塚の町に住んでいた前出の戸村まき子によれば、一九四九年の小学校入学時には、町ではすでに電灯が灯っていた記憶があるという。一九五四年に総理府統計局が発行した「日本統計年鑑」によれば、一九五一年の千葉県内での無電戸数は全世帯の二・七一%。この数字からも、「沖縄農場」をはじめとする周囲の開拓村の電化が遅れていたことがわかる。

たびたびの要請の末、「沖縄農場」が自力で電柱を設置するなら電力を融通するという妥協案を農業共同組合が引き出した。しかし、元が放牧地だったため、「沖縄農場」には電柱に使えるような立木がない。「下総御料牧場」の樹木を払い下げてもらい、自力で電柱を建て、入植から五年目にして悲願だった明かりが灯った。「沖縄農場」では電気の開通を記念して「電気祭り」が行われている。

「大人たちが舞台を作って、そこで歌を歌う人もいたし、踊りを披露する人もいました。『電気祭り』をしたのはその年だけですけど、電気が通じてからは夜間の映画上映会も何度かやっています。幕を張ってスクリーンを作って、そこに映して。どんな映画を上映したのかは覚えていませんけど。電気が来て、ランプと比べるとなんて明るいんだろうって感動したのを覚えています」（糸数美佐子　談）

一九五〇年代に入り、世の中は朝鮮戦争特需などで戦後の混乱期を抜け出し、復興の兆しを見せはじめた。やがて高度経済成長期に突入する。「沖縄農場」もその恩恵にあずかることになる。他方、世の中の景気がよくなり、職業の選択肢が増えるにつれて、元から農家だった者がひとりもいない「沖縄農場」では離農する者が増えはじめる。

終戦直後に行き場を失い「沖縄農場」にたどり着いた人たちは、必ずしも農家になろうと決意して入植した人ばかりではなかった。農業はあくまでも終戦直後の混乱期を生き延びるための手段で、やがてはここを離れて別の道に進もうと考えた人もいる。入植当初は、労働の厳しさや食料難を苦にした離農者が少数ながらいた。一九五〇年代になると、別の職業を選択して離農する者も増えている。

この傾向は「沖縄農場」に限ったことではない。『千葉県の歴史 通史編8』（千葉県資料研究財団）によると、一九四五〜四六年の二年間で三五四八戸が千葉県内に入植しているが、そのうち四分の一ほどが離農しているというデータがある。

「沖縄農場」では、離農者の土地を買い取って農地を拡大する者もいた。一方、出て行った人の土地を買い取って新規就農する人たちもいた。よって、就農者数に大きな変化はない。だが、農場をはじめた当初とは顔ぶれが大きく変わり、沖縄県出身者以外の入植も少なくなかった。あくまでも名字からの推察だが、「下総開拓農業協同組合」の名簿を見ると、組合員の四分の一ほどは新井、上島、梅里、原、実川といった沖縄姓ではない名字が見られる。

小学校の入学時に家族で入植し、高校卒業までを「沖縄農場」で過ごした吉岡みな子は、周囲の移り変わりをどのように見ていたのだろうか。

「私が中学生になって高校を卒業するまでの六年間、村の様子が激変していくわけですよ。村だけじゃない日本中が朝鮮戦争の特需から高度経済成長。

それまでは畑仕事というのは鍬をふるって耕して、土寄せして、鎌で収穫する。江戸時代からずっと同じやり方の農業が続いていたんです、何もかも人力で。ところがぽつりぽつりと耕運機を使う人が出てきて、またぽつりぽつりと免許を取って軽トラックや自家用車を買う人が出てきた。

村の生活は豊かになっていったけど、必ずしも農業で儲かっていたわけではないはずです。自給自足の農業から換金作物を生産できるようになって、入植当時と比べれば格段に豊かになったけど、農業で成功したわけではない。みなさん営農資金という借金でクルマや耕運機を買っていたと思います。でもね、なんていうのかな、もっといい生活を求める人は『沖縄農場』を出ていくわけですよ。学歴の高い人が多かったから一生を農業で終わるというのが本意じゃなかったんじゃないでしょうか」

吉岡が参考資料として私に渡してくれたコピーのなかに、山里家（吉岡の旧姓は山里）の借用証書が二枚含まれていた。一枚は一九五七年に「営農資金」として二〇万円を成田市農業協同組合から借りたというもの。返済期限は一〇年で、利息は一日当たり三銭。半年ごとに利息を支払う契約になっている。もう一枚は一九六〇年の「自作農維持創設資金借用証書」で額は一五万円。返済期限は一〇年で、利息は年五分。山里家だけが借金を抱えていたわけではなく、同じような耕作面積、同じような作物を生産していた「沖縄農場」全体が、同様に借金を抱えていたと考えられる。

現在の経済事情から見れば、二〇万程度の借金は、大した金額に思えなくもない。だが、一九五五年代の大卒国家公務員の新卒給与が一万円前後であるのに対して、二〇一五年のそれは二〇万円を超えている。貨幣価値が二〇倍になったと単純にはいえないものの、当時の二〇万がそれなりの金額であることがわかるはずだ。

ぽつりぽつりと離農者が増えていく状況のなか、ひとりも欠けることがなかったのは、与世盛智郎を中心に血縁で結ばれた「沖縄農場」の母体ともいえる、久米島からの一行だった。どうして彼らは「沖縄農場」を離れなかったのだろうか。吉岡の言うように、彼らは高学歴で、農業と教員という二足の草鞋を履く者もいた。「沖縄農場」を離れて、農業より稼げる仕事を選択することも可能だったはずだ。

口にこそ出さないものの、なかには出たいと思っている人がいたのではないか。本心では出たくても、親戚関係という縛りがあって出るに出られなかった人もいるのではないか。一度だけ吉岡にそのことを聞いてみたことがある。「そんなことはない」と一笑に付された。納得できる答えを示してくれたのは、吉岡の五歳下の弟の山里昌春だった。昌春は、山里家の七人きょうだいでは下から二番目。生まれて間もなく入植して、高校卒業まで「沖縄農場」で生活している。

「それはないね、村を離れたのは上江洲智泰さんだけで、それも嫌になって出たわけじゃなくて、どうしても帰ってきてくれという要請で。天浪では親戚たちがまわりにいて、孤立してなかったから。ただでさえ沖縄から遠く離れて頼る人がいない内地で、今さらよそに行ってまわりは知らない人ばかりっていう状況より、何かあればすぐ助けてくれる親戚が近くにいるほうが心強かったんじゃないかな。だから『ここは暮らすべき場所じゃない』と思う感覚はなかったと思う」

沖縄に帰ることもできず、ほかに頼る人もなく、親戚同士で肩寄せ合って生き抜いた終戦直後の混乱期。与世盛智郎に導かれてたどり着いた「沖縄農場」。爪に火を灯すような状況で飢えに耐えた入植初期。生活も落ち着き家族も増え安定した生活を送れるようになるまで、常に同じ生活圏内で助け合い、共に生きてきた。そんな久米島出身者のグループは、大きな家族的集団だったのだろう。さらに年齢的なこともあったかもしれない。入植第一世代が落ち着いた生活を送れるようになっていたとき、彼らはすでに四〇～五〇代になっていた。今さら新天地へという年齢ではなかったとも考えられる。

入植二〇周年

時の経過を感じさせる色の褪せた橙色の表紙に「和」と書かれた一冊のアルバムがある。一九六八年に作られたそのアルバムの扉を開くと、左側のページに組合長の照屋勝雄が寄せた「御挨拶」、その下に新島盛喜の「アルバム作製を終わって」と題した文章が続く。そして、右側のページには「自然法爾」と毛筆でしたためられ、照屋の印鑑が押されている。自然法爾とは、「一切の存在は人為を加えず、おのずから真理にかなっている」という親鸞の考えのようだ。

このアルバムは「沖縄農場」入植二〇年を記念したもので、三二冊が制作された。一冊として同じ内容のアルバムはない。三二という数字は、一九六六年の時点で「下総開拓農業協同組合」に加入している組合員の数だ。組合員のそれぞれに、オリジナルのアルバムが作られたことになる。

アルバムの存在を知ったのは、成田市大清水の新島新吾の自宅でインタビューをしていたときだった。ところが、新島のアルバムは誰かに貸したきり帰ってこないそうで、その

1754年創建といわれている久米島町西銘にある「上江洲家住宅」。
国の重要文化財に指定されている

場で目にすることはできなかった。

はじめてアルバムを目にしたのは、千葉県から遠く離れた沖縄県。アルバムの持ち主は、那覇市で製糖会社を営む上江洲智一。与世盛智郎とともに「下総御料牧場」の払い下げ運動に奔走した上江洲智泰の長男で、智泰の妻は与世盛の次女、弥生。智一は与世盛智郎の孫で、与世盛が晩年を過ごしたのが彼らの家だった。

上江洲智一の生家は、久米島の具志川城主の末裔だといわれていて、智一は一七代目の当主ということになる。久米島町西銘に残る「上江洲家住宅」は一七〇〇年代に建てられ、国の重要文化財に指定されている。上江洲智泰はこの「上江洲家住宅」で生まれているのだが、智泰の長男、智一の生まれは久米島ではない。一九四九年に「沖縄農場」で産声を上げている。

「沖縄のしきたりで、子どもが生まれると専属の子守がつくんですよ。私の専属の子守がみな子（筆者注：吉岡みな子）姉さんでした。何しろ赤ん坊の頃のことだから記憶はないんですけど写真が残ってるから。同じ年にみな子さんの弟、春樹さんも生まれていて。記憶では『沖縄農場』は同級生だらけでしたよ。だから小学生になっても集まって遊ぶのは沖縄の子ばかり。今だったら近いと感じるかもしれないけど、町まで子どもが歩いて行くには相当の距離だったから。

そういう環境や親の影響だと思うんだけど、常に沖縄出身という意識がありましたね、千葉で生まれているのに。ただそれでいて差別されたりいじめられたっていうのは、あそこではなかったですよ、まったく。逆に尊敬されていたようですよ、学校の先生が多かったから」

智一が「沖縄農場」で暮らしたのは一二年。小学六年のときに家族で沖縄県に戻っている。つまり、入植以来、誰も欠けることのなかった久米島出身の親戚たちのなかで、唯一

「沖縄農場」を離れたのが上江洲智泰一家だったのだ。離れた理由は、農業が嫌になったからではない。智泰の父・智元から、久米島で製糖会社を立ち上げるので、どうしても帰ってきてほしいという強い要請があっての帰郷だった。

繰り返すが、入植二〇周年の記念アルバムは、一九六六年の時点で「下総開拓農業協同組合」に所属していた組合員のために作られたものだ。なぜ一九六一年に「沖縄農場」を離れている上江洲家がアルバムを所有しているのか。それは智泰が「沖縄農場」の功労者だったからにほかならない。終戦直後、与世盛智郎とともに宮内省や千葉県庁に日参しての払い下げ運動に加わり、入植後も「沖縄農場」の中核的メンバーのひとりだった。

永丘智太郎は、智泰を「上江洲智泰の如きは、与世盛君を助けたもっとも功労ある青年であった」と評価している。

新島盛喜の「アルバム作製を終わって」という文章のなかには、それぞれのアルバムにどういう写真を入れるのか、四つのポイントを挙げている。

・家族写真　できるだけ全家族を入れること

・入植以来二〇年、生活の拠点となった住宅を入れること
・各自農業経営の特徴を入れること
・三里塚付近の景色及び組合行事のスナップを入れること

ページをめくると、そこには広々とした牧場で乳牛が草を食むアルバム唯一のカラー写真。写真右下には、オガワスタジオとクレジットが入っている。オガワスタジオとは、三里塚小学校の近くにあった写真スタジオで、アルバムに使われた写真の現像とプリントを担っている。

続いてフォークダンスを踊る人の輪、広場で車座になって宴会を楽しんでいる様子、御料牧場での園遊会などのスナップ写真が並ぶ。そして、次のページにはスーツを着てネクタイを締めた与世盛智郎の写真。手書きのキャプションで「初代組合長　与世盛智郎氏」とある。その下には「空と大地の歴史館」で見かけた、厩舎の前で撮影された集合写真。その右ページには与世盛の自宅と思われる家で撮影された家族写真。どの写真も定規で計ったように、一ミリの歪みもなくきれいに貼られている。さらに、ここから一ページごとに一家族三点ずつの写真が並ぶという構成で、「下総開拓農業協同組合」の組合員全員

の写真が収められている。

どの家族も一枚目は、住宅の前や居間に並んだ集合写真。二枚目がそれぞれの家屋。そして、三枚目は農作業の様子だ。軽トラの荷台から堆肥を下ろしているところや、手押しの耕運機で畑を耕している様子、鶏舎内の様子などなど、それぞれがどのような農業を営んでいたのかがわかるスナップが続いていく。

アルバム最後の数ページは、子どもたちが通った三里塚小学校と遠山中学校の写真、「お盆の集い」「うるま祭」とキャプションのついた宴席の様子、三里塚の町並み、そして空港建設の反対運動の様子も数点収められている。

アルバムの撮影を担当したうちのひとりである新島新吾は、アルバム作製の経緯を次のように語っている。

「入植二〇年の記念にアルバムを作ろうと言い出したのは父（新島盛喜）でした。とにかく苦労して二〇年たったよと。今ではそれぞれがみんな独立してやっていけるようになった。もう代も替わってきたし、ここらで記念事業としてアルバムを作ろうと。あくまでも最初は入植二〇周年記念のアルバムということだったんです。ところがそこに空港建設がかぶさってきた」

新空港の閣議決定

新空港建設の噂は、一九六二年に政府内で議論がはじまった頃から「沖縄農場」でも流れていた。もしかしたら、ここに空港が来るんじゃないか。だが、こんな不便なところに空港ができるわけがない。天皇陛下の牧場があるのに、作れるはずがない……。「沖縄農場」では、懐疑的な声がほとんどだった。

一九六三年、運輸省が新空港の建設候補地の調査を開始する。千葉県浦安沖、印旛沼、茨城県霞ケ浦、谷田部などが調査の対象となっている。同年一二月、航空審議会は千葉県富里村付近が適当であるとの答申を発表。この発表直後に、富里村と八街町では反対同盟が結成されている。

一九六五年一一月、新空港の建設地を富里村と隣接する八街町エリアに内定したと政府が発表。すでに組織されていた反対同盟を中心に、トラクター五〇台が千葉県庁に集結し、千葉県の知事室にまで乱入するなど、激しい反対運動が巻き起こる。政府との調整が不十分だとして、富里に内定されたことに千葉県も態度を硬化させる。さらに、富里村議会と八街町議会も即座に空港建設の反対を表明。県を筆頭に、地元自治体にもそっぽを向かれた状態で、新空港の建設地を富里村にする案は暗礁に乗り上げる。

事態の打開を図るため、政府は千葉県と協議を続け、成田市三里塚付近が航空管制や気象条件などが富里村と差異がないと判断。一九六六年六月二二日、佐藤栄作首相が千葉県知事と会談し、「三里塚案」を表明。ただし、富里のときと同様、この時点で地元住民の同意などは得ていない。というよりも、当の住民ですら新聞の報道で空港が来ることを知った始末だった。当然ながら、すぐさま反対運動が巻き起こる。「三里塚新国際空港空港設置反対同盟」と「芝山町空港反対同盟」が組織される（同年八月に「三里塚・芝山連合空港反対同盟」に統合）。

同年六月二五日、三里塚小学校で新空港説明会が実施されたものの、二〇〇人以上の住民が殺到し、混乱のまま終了。

そして、一九六六年七月四日、政府は閣議で新空港の建設を三里塚に決定する。

当初、地元では富里村と同じく、反対運動が大きくなれば政府も方針を撤回するのではないかと考えていた。「沖縄農場」でも千葉県知事に沖縄出身開拓農民の特殊性を訴え、徹底抗戦のかまえを見せる。

政府が新空港建設の用地として目を付けたのは、広大な敷地を誇る「下総御料牧場」だった。一八七五年の開場以来、その面積は他省庁などへの払い下げや戦後開拓などによって、当初の半分以下にまで縮小されてはいた。だが、それでも広大な敷地を保有していることに変わりはない。しかも、「下総御料牧場」は宮内庁の管轄で、他地域と違って地権者と個別の交渉をする必要もない。周囲には、林野庁や農林省などに分割された土地や千葉県県有地もある。しかし、牧場だけでは国際空港を作る広さに足りない。そこで、次に目を付けたのが戦後、牧場を開放した土地に入植した人たちの暮らす「開拓村」だった。

戦後になって入植がはじまった「開拓村」は歴史が浅く、周囲に広がる「古村」と呼ばれる昔ながらの農村と比べると一戸当たりの耕作面積も狭く、経済的に豊かであるとは言いがたい。破格の金額を積み、札束で頬を張れば、用地買収も容易いと踏んだに違いない。

閣議決定で三里塚に空港を作ることを決定する数日前の一九六六年六月二九日、運輸省が成田空港計画図を発表している。これによると、空港の敷地として候補に上がっているのは、「下総御料牧場」の三分の二、県有地の大半、それに加えて成田市の天神峰、東峰（とうほう）、十余三（とよみ）、大清水、古込（ふるごめ）、天浪、木の根、東三里塚、さらに芝山町横堀の一部となっている。

当初は、これらの地域に加え、成田市取香、駒井野、三里塚の市街地の一部が含まれていた。ところが、これに対し「取香、駒井野は古村で住民の土地への愛着心が強いので（空港の敷地に組み入れることには）反対する」という意見を千葉県が政府に伝え、運輸省案では取香、駒井野、三里塚市街地が除外されたという経緯がある。
天神峰、東峰、大清水、古込、天浪、木の根は、いずれも戦後になって入植がはじまった開拓農村だ。つまり、空港の建設は、開拓農村を狙い撃ちにした差別的なものだったといえる。国土地理院発行の地形図を見ると、成田空港全体の形がいびつであることがわかる。特に北西側はローマ字のHのように空港の敷地がへこんでいる。このへこんでいる部分にあるのが、古村と呼ばれる駒井野と取香ということになる。

新空港建設の閣議決定以来、千葉県の地元紙「千葉日報」が連日のように新空港関連のニュースを一面トップで伝え続けている。わずか一カ月足らずの間に、新空港建設を巡る動きは目まぐるしく進展する。主な見出しを見るだけでも、この間の流れが見える。日付を追ってピックアップしてみる。

六月二三日　「首相『三里塚へ』建設表明　県に協力を求む」
　　　　　　「（千葉県）知事即答を避ける」
六月二四日　「『三里塚空港』には協力　県、静観をくずす」
六月二五日　「三里塚空港　位置の調整が焦点」
　　　　　　「宮内庁も了承」
六月二六日　「友納知事、成田市を訪問　空港へ協力要請」
六月二七日　「三里塚空港　来月中旬には決定」
　　　　　　「周辺に開拓農民」
六月二九日　「三里塚空港の位置　公有地を中心に決定へ」
六月三〇日　「県議会開く　三里塚やむなし　建設には協力したい」
　　　　　　「空港の敷地決まる」
七月一日　「三里塚空港　三時間半に及ぶ説明会」
　　　　　「強制収用は考えぬ」
七月三日　「三里塚空港　補償対策まとまる　畑地十アール百万円」
　　　　　「あす閣議決定へ」

七月五日　「三里塚空港、本決まり」
「県庁に千人が反対陳情」

政府が三里塚案を発表してから、わずか一二日で閣議決定。異例ともいえるスピードだ。この間に空港建設で立ち退きを余儀なくされる住民の土地の買い取り価格まで発表されている。富里案で犯した過ちを繰り返さないよう事前に、秘密裏に、県への働きかけなどを国が用意周到に準備していたことがうかがえる。

国の動きと同様、県の動きもすばやかった。千葉県知事の友納武人は、一九六六年六月二二日に佐藤総理との会談直後に藤倉武男成田市長を訪ね、空港建設の協力を要請している。さらに閣議決定前に国と県は補償対策についても周到に話し合い、合意している。ようするに、富里村のときと同じような轍を踏まないための根回しが行われたのだ。そして、その翌日の六月二三日、佐藤総理による三里塚空港建設表明となる。

反対運動が巻き起こることはすでに織り込み済みだった。相場以上の土地の買い取り価格を提示することによって、反対運動からの早期脱落者を増やすことを狙ったのだ。閣議決定から二カ月後、政府は用地買収価格を正式に決定する。一反当たり六〇～一一〇万円。

この土地価格は、当時の相場の四倍だった。

「沖縄農場」を例にとってみると、一戸当たりの耕作面積は一町歩。これに宅地があり、さらに採草地が一・五反ほどある。耕地だけでも六〇〇万~一一〇〇万円となる。ちなみに一九六六年度の「千葉県統計年鑑」(千葉県企画部統計課)によると、同県で耕作面積が一町歩ほどの農家の年間平均所得は七五万六八〇〇円。反当たり一一〇万円ともなれば、一四年分の所得を一度で得ることになる。入植以来二〇年たったにもかかわらず、未だ安定した生活を送れずにいる開拓農民たちの心はグラリと揺れたはずだ。

買収価格の発表を受けて、それまで反対一色だった開拓農民が反対派と条件派に分裂してしまう。条件派とは、「国際空港の建設は国策なのだから反対とはいわない。だが、こっちにも生活がある。条件を出して話し合おうじゃないか」と考える人々のことをいう。

買い取り価格発表の直後には「成田空港対策部落協議会」が、翌一九六七年三月には「成田空港対策地権者会」というふたつの条件派の組織が成立している。

小川プロダクションで、三里塚闘争のドキュメンタリー映画の製作に携わった福田克彦の『三里塚アンドソイル』(平原社)によれば、一九六六年三月の閣議決定から一年後には、地権者の八割が条件派に転向したという記述がある。

『ぼくの村の話』が明らかにしたこと

戦争で帰るべき故郷沖縄を奪われ、ようやくたどり着いた入植地に暮らして二十数年。「沖縄農場」の人々は、ふたたび安住の地を追われようとしていた。閣議決定以降の「沖縄農場」では、どう対処すべきなのか何度も話し合いが持たれている。様々な意見が飛び交い、議論が白熱するあまり、話し合いが紛糾することもたびたびだった。だが、その大勢を占めていたのは、徹底的に空港建設に反対する意見だった。

「最初はね、みんな反対したんですよ。うちの父（新島盛喜）なんかは蓆に墨で大きく空港反対と書いて街道沿いの家の入り口に立ててましたから。父の空港反対の動機は単純でした。どうしてこんな美しい風景の残る牧場を潰して空港を作るんだという純粋な思いですよ。父は三里塚という自然環境とそこに自分が住んでいるということに、大変喜びを感じていたということです」（新島新吾　談）

しかし、やがて潮目がガラリと変わる。当初、反対を表明していた「沖縄農場」が一転、空港受け入れを容認する。いったい何がきっかけで空港建設を容認することになったのか。

この部分は、いくら調べても見えてこない。当事者から話を聞こうにも、当時の話し合いに加わっていた「沖縄農場」の関係者はみな他界している。

「空港賛成派の市議から切り崩し工作があった」

「天浪には農協の幹部がいて、賛成に転じればすべての借金をなかったことにしてもらえるという話があったらしい」

そんな噂話の類は耳にした。だが、どれもこれも眉唾で、真偽を確かめるまでもなかった。唯一、ありえるかもしれないと思えたエピソードは、三里塚闘争を題材にした、尾瀬あきら著『ぼくの村のはなし』という漫画のワンシーンにあった。

『ぼくの村のはなし』は、一九九一年から九三年まで、講談社の青年漫画誌「モーニング」に連載されていた作品だ。主人公である農家の少年の視点で、新空港建設の閣議決定からはじまる数年間のとある村の様子が描かれている。

ストーリーのなかでこんな話が出てくる。反対運動を主導するメンバーが、反対運動に参加しない「天原」地区に暮らす開拓農民のリーダーに、農地を守るために参加して、共に闘ってほしいと説得に行く。だが、「天原」地区のリーダーはこんなふうに応える。

「この『天原』は沖縄から入植してきた者がほとんどだ。みんな事情を抱えていて意見百出だったが、なかには沖縄のことを考えろというやつもおった。今、沖縄は祖国復帰を悲願としている。そんなときに反対運動をやって、政府を刺激したらまずいんじゃないかと。わしらの夢なんだ、返還は」（『ぼくの村のはなし』一巻）

地名こそ「天原」となっているが、明らかに天浪の「沖縄農場」のことを描いたものだ。尾瀬は『ぼくの村の話』を描くにあたり、毎週のように三里塚に通って取材をしている。もちろん『ぼくの村の話』がフィクションであることは百も承知だ。とはいえ、尾瀬に直接会って、ストーリーが作者の創作なのか、それとも直接、あるいは間接で聞いた話が元になっているのかを確認したかった。私は尾瀬に会って、話を聞いた。

「『ぼくの村の話』を描くために、三里塚闘争前からの歴史を調べていたんです。それでもわからないことが多くて、反対運動に参加していた人を紹介してもらって、それで毎週のように取材に行くようになったんです。連載がはじまった一九九一年の一一月に成田空港問題のシンポジウムというのがはじまって、これに参加するようになったんです。シンポジウムはまさに三里塚で何が起こったのかという検証からはじまって、これが最高の取材でした。

空港の建設は、明らかに開拓村の狙い撃ちですよね。空港の敷地内が開拓村ばかりで、そのなかに天浪の『沖縄農場』があったり、農家の次男三男がいたり。そこを狙い撃ちにするという差別が浮き彫りになった。

沖縄の入植者たちには、沖縄復帰問題があるから反対できないというのは、沖縄の人に直接聞いたわけではないですが、誰かから聞いて言葉を失いました。沖縄の復帰が微妙なときに、闘争はやめるべきじゃないかという。もともと農家ではなかった人たちが入植してわずか二〇年ほどですから、まだ土地や農業に対する愛着も湧かなかったのかもしれないですね」

一九六〇年代、沖縄の復帰問題は確かに微妙な時期であった。復帰運動は、一九五〇年代から活発になり、六〇年代には日米両政府間でたびたび交渉が行われている。一九六五年には、佐藤首相が沖縄を訪れ、「沖縄の祖国復帰が実現しない限り、わが国にとって戦後は終わっていない」と演説。いよいよ沖縄の日本復帰が現実味を帯びはじめる。空港建設で三里塚が揉めていたのは、まさにこのような時期と重なっている。

「そういうことを考えている人はいたかもしれないけど、僕自身はそういう話は聞いたことないなあ」

そう話すのは山里昌英の三男で、吉岡みな子の弟・山里昌春。ひととおり話が終わって、吉岡が入れてくれた紅茶を飲んでいるときだった。当初、空港建設に反対していた「沖縄農場」が、どういうきっかけで賛成に転じたのか、いくら調べてみてもわからないといった愚痴を私はこぼしていた。それに対して吉岡も、「事情を知っている人たちは、みなあちら側に行ってしまったからね」といった具合に軽く受け流す。吉岡には以前、賛成に転じた理由が何なのかを聞いたことがあるが、くわしくはわからないというのが彼女の答えだった。

そのとき山里昌春が突然「それはオヤジだよ」と切り出して、こう続けた。

「あとになって聞いた話だけど、何度目かの話し合いのときに、父(筆者注:山里昌英)が口を開いたそうです。『みんな、もっと本音で話そうよ』と。僕はその場にいたわけじゃないけど、後日聞いた話では『絶対反対』『空港阻止』っていう声が大勢だった集まりのなかで、親父がポツリと言ったらしい。『みんな本音のことを言おうよ』って。ようするに、みんな借金まみれで、借りては返し、借りては返しを繰り返していた。この先、同じように農業を続けたとしても状況は変わらないんじゃないかと。それだったらいっそのこと土地を売り払い、借金を返して移転したほうがいいんじゃないかっていうようなことを発言して。そうしたら、みんなの前では反対って言ってたけど、実は俺もそう思ってたっていう人もいて、そこから流れがガラッと変わったっていうことみたいです。

それに当時『沖縄農場』に残っていたのは、年寄りばかりでしょ。子どもたちは、高校を卒業するとみんな進学や就職で村を出て、僕の知る限り天浪で農業を継いだ若い人はいなかったんじゃないかな。先祖代々、農業をやってきたわけじゃないから、土地に対する思いっていうのも農家の人たちとは違うんだと思う。だからね、もし空港が来なくて農業を続けていたとしても、いずれは耕作放棄地になっていたと思います。うちでは誰も農業を継がなかったし、当時父はもう六〇代でしたから」

「沖縄農場」の各家族に、もし農業を続ける跡取りがいれば、状況は変わったのかもしれない。収入は少ないものの、二〇年、三〇年と農業を続けるのであれば、一時的にまとまった金を受け取るより堅実だろう。だが、「沖縄農場」には農業を続けようという若手がいなかった。それが空港公団の申し入れを受け入れた要因のひとつになったのだった。

シルクコンビナート構想

ここで時計の針を巻き戻してみる。一九六二年六月、政府は農業構造改善事業促進対策というものを閣議決定している。これは、農業構造の改善に必要な事業を、市町村などの自治体が計画・実行するときに、都道府県はこれに協力して指導や助成を行っていきなさい、というもの。簡単に言ってしまうと、農業経営がうまくいっていない農村に対して、「このような農業をやっていきましょうよ」と地方自治体が提案し、それを実行するために都道府県は技術的な援助や金銭的に助成をするということだ。

この閣議決定を受けて、一九六三年、農林省蚕糸局、農林省蚕糸試験場、千葉県農林部、成田市、成田市農業協同組合の五者で構成される「大規模養蚕団地造成連絡協議会」が発足し、「シルクコンビナート構想」と呼ばれる一大プロジェクトをスタートさせている。

一九六五年には、同構想は第二次農業構造改善事業の特定事業にも認定されていて、同年三月一三日付の「読売新聞」には、六万五〇〇〇平方メートルの敷地に桑畑、養蚕場、製糸工場を建設し、地元から二〇〇人を雇用とある。地元農家に桑を栽培してもらい、生産された繭をすべて引き受けて絹糸を生産する。また、一〇アール当たりの粗収入が麦一万円、落花生が二万円なのに対し、養蚕では最低四万二〇〇〇円になるとも書かれている。借金と返済を繰り返し、なんとか自転車操業で農業を続けてきた零細農家にとっては、一発逆転のチャンスだ。「沖縄農場」も農業協同組合として、この事業に参画することを決定している。

実はこの「シルクコンビナート構想」には、一戸当たりの耕作面積が狭く、入植後二〇年が経過しても思うような農業経営ができずにいる開拓農家の生活を安定させるための救援策という意味合いがあった。予定地は、天浪、木の根、古込、東峰、天神峰、十余三など、いずれも戦後に入植した開拓農村。これまで栽培していた作物をすべて桑畑に転換し、成田を蚕糸の一大産地にするという壮大な計画だった。

桑畑だけではなく、最新設備の整った、幼い蚕を飼う「稚蚕場」と大きく育った蚕を飼う「養蚕場」を二棟ずつ建設する予定で、天浪に「稚蚕場」が、天神峰には「養蚕場」がそれぞれ一棟ずつ建設された。これに加えて、地元住民の雇用にも繋がる製糸工場も建設が予定されていた。

「稚蚕場」と「養蚕場」はかなり大きな建物だったようで、パンフレットには間口一五メートル、奥行き一五〇メートルとある。蚕の生育に適した温度と湿度を自動で調整し、給餌もベルトコンベアが自動で行う。それまで主流だった小規模農家単位の個別養蚕と異なり、斬新で大規模な養蚕事業だった。事業費は三億円とも五億円ともいわれていた。当時にしてみれば、天文学的な金額が投じられたのであった。

この事業に参加した農家は一八六戸。三八万本の桑の苗木が準備され、二〇〇ヘクタールの土地に次々と植栽されていった。一九六五年六月には、秩父宮妃、高松宮妃、三笠宮妃の三人を招いて植樹してもらう「お手植え式」なるセレモニーも行われている。

植栽した桑の苗木の生育も順調で、翌年五月には、早くも最初の繭が仕上がった。「見事な繭を見て今後への自信を持った組合員が多かった」（『成田市農協二十年史』）という記述もある。

だが、その矢先にやってきたのが新空港建設の話だった。五億円の事業が動き出して、わずかに一回しか繭を生産していないにもかかわらず、千葉県の指示により事業の中止が言い渡されたのが一九六六年六月三〇日。農林省の肝いりではじまった事業だったが、新空港建設の閣議決定を数日後に控え、同じ用地内で別々の事業を進めるわけにもいかず、養蚕事業の中止が決定する。

シルクコンビナート構想の予定地だった天浪、木の根、古込、東峰、天神峰、十余三は、すべて空港建設の敷地とかぶっている。すでに建設されていた「稚蚕場」「養蚕場」も、空港を作るのであれば解体するしかない。ドブに金を捨てたようなものだ。

「シルクコンビナート構想」の資料を探す過程で、「大規模養蚕団地造成連絡協議会」を構成していた農林省（現・農林水産省）、千葉県農林部（現・千葉県農林水産部）、成田市農協に加え、行政文書を保管している千葉県文書館、国立公文書館などに連絡して、当時の資料が残っていないか探してもらった。だが、目ぼしい資料が出てこない。何度か連絡をくれて「ほかにヒントになりそうなことはないですか」と熱心に資料を探してくれたとある人物は、私にこう述べている。

「こんなことは、はじめてですよ。行政文書の保存期間は決まっているので、本体資料が廃棄されていることは珍しくないんです。でも、それに付随する断片すらまったく出てこないというのはおかしいですね。もしかすると、なかったことにしたいという意思があったのかもしれないですね」

「シルクコンビナート構想」に関しては、全国紙と「千葉日報」が記事にしているのみで、図書館で資料を探しても『成田市史』のほかは、数冊の書籍に記述があるだけ。不思議な話だが、千葉県が編纂している『千葉県の歴史』にも一言の記述もない。やはり「なかったことにしたい意思」がはたらいているのだろうか。

農民らは、起死回生の一手になるかもしれないと期待していた。それだけに、新空港建設による「シルクコンビナート」事業の中止は、すでに桑を植栽してしまっている農民にとって、経済的のみならず精神的ダメージも大きかったはずだ。今後も農業を続けるためには、植栽した桑をすべて根から抜き去り、元の畑に戻すところからはじめなければならない。

だが、新空港の建設が閣議決定されていて、これまでのように農業を続けていくことができるのかも不透明な状況にある。そうなると、「それならば相場よりも高く買い取ってくれる公団に土地を売って、新たにやり直そうか」と考えるのは当然の話ではないだろうか。

「沖縄農場」の終焉

山里昌英の「みんなもっと本音で話そうよ」という発言が、一九六六年のいつ頃だったのかは定かでない。だが、山里家が一九六八年の冬には天浪を離れ、富里市の代替地に建てた家に移っていることを考えると、一九六六年七月四日に閣議決定があり、同年九月に土地の買い取り価格が正式に決定してから、割と早い段階での発言だった考えられる。

一九六六年一一月二日、千葉県の空港担当職員と地元住民による話し合いが千葉県庁で行われている。空港予定地にある開拓村から五人が出席していて、「沖縄農場」からは米須秀永（よねずひでなが）が出席している。『千葉県の歴史　資料編　近現代9』には、この席での米須の発言が収録されている。

「天浪は反対同盟にはついてゆけないという意見が大半を占め、反対同盟は個々の意見が反映されず、イデオロギー的である。独自の考えを持って一〇月二七日まで来た。部落のなかでは国策であるから絶対反対でなく、条件を出して話し合おうという空気が出てきた」

米須の言葉を額面どおりに読み取れば、この時点では賛成寄りではある。しかし、完全に賛成に転じているわけでもなさそうで、要は条件次第ということだろう。

三里塚闘争について関係者と語るとき、「沖縄の人たちは真っ先に土地を売った」という話を何度も耳にした。書籍のなかでも、そういった記述が見られる。たとえば、一九七〇年に出版された『壊死する風景――三里塚農民の生とことば』（のら社）は、三里塚で反対闘争が行われている最中に行われた、青年同盟の座談会をまとめたもの。そのなかには「沖縄農場」に関する記述もあり、「天浪の沖縄出身者」というタイトルで、六ページにわたって綴られている。そのなかから一部を抜粋して引用する。


「三里塚にいる沖縄ってのは駄目だな、真っ先に出てっちゃったもん」

「いちばん早かったな」

「天浪っていう部落は、大体、沖縄の関係の人、ほとんどなんだよな、いちばん早かった」

「いちばん早かった。四月に、もう引っ越さなきゃって、公団からいわれているっていってな。出て行ったもんな」

「オレなんか一度、ビラもっていったんだけどさ、条件派のところへなんかさ。そしたら、戦後、いままで、苦労してきたけどさ、まだぜんぜんテメエの苦労がむくわれねえっていうわけだよな。ここでまた反対運動していくなんてなったら、とんでもないっていうわけでよ、オレら、今、やっと食ってる状態だのにさ。闘争なんかとてもできねえってわけだよな。オレの生活見てくれりゃ、やってもいいなんて、かなり、そんなこといってんだよな」

「くらしもあんまりよくなかったんじゃねえのかな」

「ほとんど、兼業農家じゃねえのかな。夏場は、かなり農業で働いているけど、冬場になったら、全部出稼ぎっていう感じじゃないの。そんな感じだな」

「天浪というのは、わりと、あんまり大きな農家なかった」

「うん、みんな一町五、六反歩あったのかな。でも、五、六反歩ねえのかな。普通なんだけどな、やる気になりゃ、できるんだけどな、百姓なり立つんだけどな」


このあとの部分には、ほかの集落ではポツリポツリと土地を売って移り住むことが多いなか、天浪はごそっと集落ぐるみで移転していることにも触れている。このことに関しては、新島新吾も次のように語っている。

「やりきれない話でね。コツコツとやってきて二〇年たって、いきなり空港ができるから出ていけとは。だけど沖縄の人たちのいいところは、理屈を振りまいて絶対反対だ、賛成だって口論はするんだけど、いざっていうときの団結力はすごかったですよ。

遠く沖縄から離れてヤマトンチュのなかにいるんだから、結局、最後は自分たちの仲間で結束するっていう意識ですね。だから、『沖縄農場』以外の開拓農村で賛成でも反対でも、全員一致で意思を統一したところはなかったと思いますよ。結果的に『沖縄農場』は早いうちに賛成を決めて出ていくことを決定したわけです」

「沖縄が日本に復帰するまで力を合わせて生きていく」という与世盛の思いでスタートした「沖縄農場」。その終焉は、入植してから二六年、皮肉にも沖縄県が日本に復帰を果たした一九七二年の一二月三日のことだった。この日「沖縄農場」の解散式は、成田市大清水にあったジンギスカン料理店「緬羊会館」で行われている。このとき、入植者たちが農場を離れてすでに四年という時間が流れている。農場の中心だった天浪の家屋や畑は空港建設のため重機で潰され、荒涼とした風景が広がるばかりだった。

三里塚空港反対運動

早期に空港建設の反対運動から離れ、組合員の総意とし代替地に移り、自ら歴史の幕を引いた「沖縄農場」。そのなかにあって、ただひとり反対同盟に加わり、闘争運動に身を投じた人物がいた。

与世盛とともに三里塚の払い下げ運動に加わり、開放前の「下総御料牧場」に先遣隊として乗り込み、天浪に入植した島寛次郎。島は開拓農民であると同時に、東京の学校に勤務する教員でもあった。そのため、一度入植した天浪から少しでも通勤に便利な針ヶ沢に再入植したことは第2章で触れた。

空港の建設で解散した「沖縄農場」だったが、二次開放・三次開放で「沖縄農場」に割り振られた大清水、長原、そして針ヶ沢などは、空港建設用地には含まれなかった。よって、入植地にとどまり農業を続けた（続けざるをえなかった）入植者もいた。針ヶ沢に再入植した島も、そのうちのひとりということになる。

針ヶ沢の開拓地は一町歩。しかし、放牧地だった天浪と違い、針ヶ沢は松林だった。畑を作るためには、開墾以前に松の木を切り倒し、根を掘らなければならない。チェーンソーなどなかった時代だ。一本ずつ手引ののこぎりで切り倒していくしかなかった。だが、島には教員という仕事があり、早朝に家を出て、戻るのは夜。当然ながら作業する時間はない。作業を担ったのは、失業して島のもとに転がり込んでいた妻の弟だった。近所の人にも手伝ってもらいながら開墾を終え、畑の体裁を整えるまでに一年以上の時間を費やした。

その間の収入を補うため、御料牧場から乳牛、綿羊、ブタなどを払い下げてもらい、牛乳を出荷し、綿羊の毛を売り、豚は繁殖させて出荷した。

島には、「沖縄農場」に入植する前の一九四二年に東京で生まれた寛征という長男がいる。入植時、寛征は三歳だったので、当人に当時の記憶はほとんどない。覚えているのは針ヶ沢に再入植した五歳以降だという。父親の寛次郎が東京の学校へ勤務していたため、農作業は近所の農家に手伝ってもらい、寛征も小学校の高学年になると飼育していた家畜の世話や農作業を手伝うようになる。畑仕事は手伝いに来ていた農家のおじさんに手ほどきを受けた。

高校を卒業後、一年の浪人生活を経て東京の大学に入学。しかし、当時は学生運動の最盛期だったため、大学は封鎖され授業はまれにしか行われない。かといって学生運動に加わるわけでもなく、アルバイトに明け暮れる毎日だった。

「ベトナム反戦とか、安保とか、学費値上げとか、いろんなことがグチャグチャになってる。共産党系の学生運動をしている人たちが富里の空港反対運動に加わっていて、でも隣村のことだったので、あまり関心はなかったですね」

アルバイトばかりの時間が過ぎていく。その頃、母親が脳梗塞で倒れてしまう。針ヶ沢に戻り、乳牛の乳搾り、ブタの世話、畑仕事をしながら時折大学に行く。そんな生活が二年近く続いた。

大学入学から四年後、この先大学に通ってもいつ授業が再開されるかわからない。何より学生生活を続けるには、学費や下宿代が必要になる。だが、先立つものがない。授業を担当していた教授の家を一軒ずつ回り、学費を払えない事情を説明した。「どうにか卒業させてもらえないか」と頼み込み、卒業させてもらった。

「今じゃ考えられない話ですけどね。まともに授業を受けたことなんて数えるほどしかないのに。それで下宿を引き払って針ヶ沢に戻って。その頃ですよ、空港反対の組織が各地区ででき上がって反対運動がはじまっていく」

一九六六年七月、三里塚に空港を建設することが閣議決定される。島はそれほど関心を持てずにいた。ところが、中学時代の友人と会うと話題になるのが空港建設だった。三里塚空港建設発表当時、開拓村はもちろん、周囲に広がる農村も反対一色で、友人たちも多くが反対運動に加わっていた。そんななか、空港建設反対のビラ作りをなんとなく手伝ったのが反対運動に加わるきっかけとなる。

三里塚闘争に関しては、これまでに様々な立場から描かれた書籍が多数存在する。立場によって、描かれ方や解釈が異なることはいうまでもない。奥が深く、根が深く、複雑で、二〇二四年現在でも「空港粉砕」を掲げて活動を続けているグループもある。本稿では、島の活動を中心にしつつ、三里塚闘争の流れを軽く触れる程度にとどめる。

反対運動の核を担っていたのは「三里塚・芝山連合空港反対同盟」(以下、反対同盟)。その下に農家の跡取り世代で構成された「青年行動隊」が組織される。ビラ作りをきっかけに、島もこの「青年行動隊」に加わることになる。ほかにも「婦人行動隊」「少年行動隊」「老人行動隊」が組織されるなど、反対運動は大きなうねりとなっていく。だが、反対運動の最初の転機となるのが、空港の用地決定だった。

反対一色だった農家たちが、空港の用地に差しかかった者と差しかからなかった者に二分される。差しかからなかった者は、反対運動から次第に遠ざかっていく。用地に差しかからなかった農家にしてみれば、賛成というわけでもない。しかし、反対運動をしても得することはない。用地が決定したことによって、利害関係がなくなってしまったのだ。

さらに、空港公団による土地の買い取り額が発表されてほどなく、用地のど真ん中にあった「沖縄農場」が移転に応じる決断を下す。島が語る。

「沖縄の開拓は経済力がなくて弱い。今の技術があれば、一町歩でもハウスがあって水や温度の管理ができればやっていけますけど、当時の技術では農家として生計を立てていくのは無理だったでしょう。『沖縄農場』ぐらいですよ、畑が一町歩しかないなんて」

それでも空港用地内には開拓農村が多く、また用地には差しかからなかったものの、反対運動を続ける農家もあった。加えて、反対運動に理解を示す全国からの支援もあり、反対運動は継続された。

初期の反対運動は、単純に空港建設によって農地を奪われることになる農家たちの土地死守運動だった。しかし、その様相は新左翼系の学生たちが加わることで、過激な闘争へと変わっていく。しかしながら当初、反対同盟と学生たちとの関係は良好なものだった。あくまでも反対運動の主体となるのは反対同盟でその後方支援を学生たちが担っていた。だが、空港公団に土地を売って出ていく人が増えるにしたがって、その関係が微妙になる。反対同盟を構成しているのは農家で、農家が土地を売って出ていくということは、反対同盟の人数が減るということだ。半分以上の農家が土地を売り反対同盟の人数が少なくなった頃、新左翼の学生たちとの関係が崩れた。

一九七一年二月、空港用地内に残り、土地の明け渡しを拒んでいた地権者から、強制的に土地を取り上げる一度目の代執行が行われる。さらに同年九月、二度目の代執行が行われようとしていた九月一六日の朝に事件が起きる。成田市の東峰十字路付近で、機動隊員

新空港建設決定直後の天浪の様子。現在、この農地は滑走路の下に眠っている
（「入植 20 周年記念アルバム」より）

三人が反対派から暴行を受けて死亡。直接暴行したのは外部から来た学生たちだったが、現場にいたということで、地元の青年行動隊のメンバーも逮捕される。

「九・一六で六〇人くらいが捕まって、そのうち二〇人くらいが青年行動隊の農家の若者たち。あとは新左翼系の外から来た学生たちでした。こうなってしまうと、もう農地を守る農民闘争ではなくなる。全国にいた支援者たちの三里塚を見る目が冷たくなっていく。警察も反対同盟を潰しにくる。もう、運動方針とか活動計画なんて言っていられない状況でした」

　事件のあと、新左翼のメンバーたちの闘争はさらに先鋭化していく。空港建設に来ていた労働者の飯場を焼き討ちする。ゲリラ闘争で機動隊を急襲する。しまいにはセクト同士で主導権争いの内ゲバが起こる。

「こうなると『農地死守』を掲げた三里塚闘争とは無関係で、反対同盟もセクトのリーダーに抗議しましたよ。こんなのではやっていけなくなるよと。反対同盟がやることに一切介入するな、という話をセクトの人たちにしました。でも、彼らはゲリラ部隊を作り、反対同盟に相談なしで過激な行動に出るようになった。だから、最後は縁を切るしかないねということになったんです」

東峰十字路事件は、島のなかで大きな転機となる。農地の死守という当初の目的から、どうやってこの闘争を終わらせるかという方向に考えが傾きはじめる。同時に、逮捕され被告人となった青年行動隊メンバーの裁判費用をまかなうため、微生物農法を学び、有機野菜の生産に取り組み、生産した野菜をワンパックにして消費者に届ける「三里塚ワンパック」を青年行動隊の有志らとはじめた。開拓農民の子どもとして生まれながら、農業と真剣に向き合ったのはこれがはじめてだった。

有機農業の生産を続けながらも、島は闘争をどのような形で終結させるべきなのかを模索し続けていた。武力による解決ではなく、空港問題の当事者である政府・空港公団・反対同盟の三者による話し合いの場を持つことを画策する。様々な手を打つものの、横やりが入り、暴露があり、うまくいかなかった。

一九七九年六月、話し合いの場を持つため、島は和解案を作成し、当時の内閣官房副長官・加藤紘一と秘密裏に会談を持つ。それまで政府は、空港問題を空港公団と警察に丸投げしている状態で、このままでは新空港の開港も危うく、官邸としても動かざるをえない状況だった。しかし、この会談を読売新聞がすっぱ抜く。結果、あくまでも「農地死守」をスローガンに掲げる反対同盟から島は放逐されてしまう。

その後も島は「三里塚ワンパック」に関わり、一九八六年、千葉地方裁判所で被告人全員が執行猶予つきの有罪となり、農家としての日常を取り戻すまで支援を続けている。

もし、父親である島寛二郎が天浪から針ヶ沢に再入植していなければ、島が農業を続けることも、反対運動に身を投じることもなかったかもしれない。反対運動から離れたあと、島は農作物を生産加工して、航空機の機内食を作る会社に納入する事業をはじめた。ところが、順調だった仕事は、二〇一一年三月一一日の東日本大震災で大きく傾く。原発の爆発で放射能汚染を恐れた航空会社から、「静岡以北で生産された野菜を使うな」との指示が出たのだ。関西方面から野菜を集め、なんとか事業は継続できた。だが、大きな借金を抱え込む。地道に事業を継続し、なんとか業績が戻ってきたところで、今度は新型コロナウイルスが直撃する。これがとどめとなり、二〇二三年に事業をたたまざるをえなかった。

島が画策した話し合いの場は、一九九一年になってシンポジウムという形で実現する。農民（反対同盟）・運輸省・空港公団が対等の立場で議論し、学識経験者が調停に当たるというスタイルで、九一年から九三年にかけて計一五回開催された。新空港建設決定から二五年。この間の闘争の経緯を振り返り、どこにボタンの掛け違いがあったのか、公開の場で討論を繰り返し、一つひとつ丁寧に検証が行われた。一五回に及ぶ話し合いの結果、国は反対同盟が提案した「国側は土地収用裁決申請を取り下げる」「二期工事の建設計画を白紙に戻す」「今後の成田空港問題の解決にあたっての新しい場を設ける」という三つの提案のすべてを受け入れるという形で議論は終わっている。

新空港建設を巡る三里塚闘争のいちばんの要因は、「沖縄農場」を含め、そこに暮らす開拓農民たちの暮らしを顧みようとしなかった国の方針に原因があることはまちがいない。たちが悪いのは、暮らしに行き詰まっていた開拓農民の頬を札束で張ったところにある。人間としての尊厳を踏みつけるような行為だと言ってもいいだろう。空港建設決定前にシンポジウムのような場を設け、民主主義的手続きを経て建設の決定をしていれば、ここまで問題がこじれることはなかったはずだ。

以上で紹介した島へのインタビューは、空港に隣接する本三里塚にある「北総農業センター」の二階で行った。「北総農業センター」は、島が経営していた農産物を加工する会社で、一階が加工場、二階が事務室になっている。島はひとりで会社の残務整理に当たっていた。

開け放した窓からは数分おきに発着する航空機の騒音が響き、話が聞き取りにくくなる。私からの質問に対して、柔和な表情で丁寧に言葉を選びながら答えてくれる様子は、反対同盟の一員として長期にわたり闘ってきた闘士というより、どうすれば問題を乗り越えることができるのかと模索する沈着冷静な策士といった雰囲気だった。

インタビューのなかで島が漏らした一言がとても印象的だったので、最後に紹介しておこう。

「よく言われましたよ、『おまえは百姓の捨て石にされたんだよ』なんて」

沖縄の諸問題に通じる闘争

「沖縄農場」の面々は、空港公団が用意した千葉県成田市や富里市、酒々井町の代替地に移る者、東京都や神奈川県に新天地を求める者、そして沖縄に戻る者とに分かれた。他方、移転先で本格的に農業を続けた者は、ほとんどいない。入植当初に暮らした厩舎の前に固まって家を建てた久米島の親戚たちも、移転でバラバラになってしまった。

成田国際空港の建設で三里塚の開拓地を追われたのは、「沖縄農場」だけではない。広大な空港の敷地のなかにはいくつもの開拓村があり、食うや食わずの時代を乗り越え、ようやく手に入れた開拓民のつましい暮らしがあった。手元にある「空港本体及び航空保安施設用地に係る地区別移転戸数」(『成田空港問題円卓会議記録集』)によると、空港の建設に伴って移転を強いられた戸数は三七八戸に及ぶ。

一九六六年の閣議決定以来、反対運動は日に日に勢いを増す。当初は地元農家による農地を守るための農民闘争は、やがて学生運動と結びつき、死傷者を出すほどの激しい武力闘争へと姿を変える。

そして移転したのは開拓農家ばかりではない。空港用地の多くを占める「下総御料牧場」も当然ながら閉場、移転している。反対運動の最中、一九六九年八月一八日、牧場内の「総駿会館」で閉場式が挙行され、九五年の歴史に幕を閉じた。新たな移転先は栃木県塩谷郡高根沢町と芳賀郡芳賀町にまたがる丘陵地。「下総御料牧場」と比べると用地面積を大幅に縮小され、サラブレッドの生産は廃止したものの、おおむね業務内容は維持されたまま現在に至っている。

国策のもと、開拓農民という弱者を狙い撃ちにした成田空港の構図は、現代にも存在する。二〇一三年に三上智恵監督が制作した映画『標的の村』は、オスプレイの着陸帯建設に反対する沖縄県国頭郡東村高江の住民たちの姿を記録したものだ。「沖縄農場」について調べてきた者としては、スクリーンを見ていて、なんとなく同じ光景を目にしているように感じた。

反対する無抵抗の住民を機動隊が力ずくで排除する。その様子は、まさしく成田空港の反対闘争を記録した、小川プロダクション制作のドキュメンタリー映画『三里塚の夏』のワンシーンと重なった。背景を変えれば、どちらの映像なのかわからないほどだ。六〇年という時間が経過しているにもかかわらず、国のやり方はまるで変わっていない。

政府は、「普天間の基地を返還してもらうには、一日でも早く辺野古を完成させる以外に道はない」とお題目のように唱える。だが、辺野古に基地を新設するには海を埋め立てなければならない。すでに沿岸部は埋め立てられているものの、二〇二四年二月現在で埋め立て工事が完了しているのは、全体の二〇%にも満たない。

今後埋め立てを予定している大浦湾は、マヨネーズ並みにゆるい地盤で、しかも深さが九〇メートル。一九九四年に開港した「関西国際空港」も海を埋め立てて建設されているが、埋め立てた海の深さは一八～二〇メートルに過ぎない。それでも、関西空港では地盤沈下が起きている。マヨネーズのように軟らかい地盤で、九〇メートルの深さのある辺野古の海を、地盤沈下が起こらないように埋め立てることが、どうすればできるのだろうか。

もちろん工法だけの問題ではない。政府は当初、辺野古新基地の工費を三五〇〇億円と試算。これを二〇一九年には九三〇〇億円に引き上げ、二〇二三年の時点ですでに四〇〇〇億円を費やしている。だが、マヨネーズ状の地盤に七万本の杭を打つ工事は手つかずのまま。工事を完成させるためには、二兆円とも三兆円とも言われる工費が必要だともいわれている。当然、工費に充てられているのは、我々の税金だ。

さらにいえば、仮に辺野古の新基地が完成して米軍に引き渡されたとしても、米軍は普天間を返還するとは明言していない。

一九九五年、当時の村山富市内閣は、強引に進めた成田国際空港の建設を「国の誤り」だったと認めた。亀井静香運輸大臣（当時）は、反対農家に宛てた手紙で「苦しみを与え続けてしまったところであり、深く反省するとともに誠に申し訳なく思っているところであります」と綴っている。

ところがどうだろうか。今日の沖縄県名護市辺野古に建設中の新基地は、沖縄県民の民意で選ばれた翁長雄志知事と、デニー玉城知事が工事の中止を求め、国に対してたびたび話し合いの要請を出しているにもかかわらず、国はまともな対話をしないまま工事を進めている。成田空港建設時の政府の反省は、少なくとも沖縄においては微塵も生かされていない。

あとがき

私の手元に一枚のＤＶＤがある。タイトルは「第一回　沖縄農場同郷会」。これは「沖縄農場」の解散から三〇年後の二〇〇二年八月一七日に、成田市にあるマロウドインターナショナルホテル成田の広間で行われた沖縄農場同郷会の様子を収めたものだ。先遣隊として乗り込んだ第一世代から、入植後に「沖縄農場」で生まれ育った第二世代まで、二五家族、六七人が集まった。

会場となったホテルの広間の窓からは、成田空港を見渡すことができる。正面やや右側には三〇〇〇メートル滑走路が見える。かつて暮らしていた「沖縄農場」は、この三〇〇〇メートル滑走路のちょうど中間あたりに位置していた。今は滑走路の下に眠る故郷を眺めることができる特等席。それが、このホテルを会場に選んだ理由だった。

出席者たちは世代別に円卓を囲み、にこやかに思い出話に花を咲かせる。入植二〇周年を記念して作られたアルバムを開きながら談笑する姿もある。司会者がマイクを片手にテーブルをまわり、一人ひとりに「沖縄農場」での思い出や、農場を離れて以降の話を聞き出していく。開墾での苦労話、厩舎前の広場で野球を楽しんだ話、あまりの空腹で登校中に畑から大根を盗んだ話……。話を聞くどの顔からも笑顔がこぼれている。

私が「沖縄農場」の入植者たちにインタビューをはじめたのは二〇一三年。同郷会が行われてから一一年後にあたる。取材をはじめた当初から、「あと一〇年早かったら」「あと一五年早かったら」という声を何度も何度も聞いてきた。確かに同郷会のDVDには、入植第一世代の方々の元気な姿が残されている。彼ら、彼女らのインタビューができていれば、「沖縄農場」のより詳細な姿を知ることができただろう。

第一世代で話を聞くことができたのは、上江洲智昭、糸数菊枝、そして私の父・新垣盛克の三人のみ。とはいえ、第一世代の大多数へのインタビューが叶わなかったがゆえに、その次の世代に何度もインタビューを重ね、可能な限り資料にあたった。結果的に、「沖縄農場」の全体像を客観的につかむことができたと思っている。

三〇年近く前のこと。沖縄で生まれ、進学や就職のために上京した若者たちを、数年間にわたって取材したことがある。驚いたのは、彼らの多くが自らを「日本人」である以前に「沖縄人」であると認識していたことだった。

そして、今回「沖縄農場」の入植者たちの声を聞いたこの取材でも、多くの人が「沖縄人」であることの誇りを語っている。だが、彼らの生まれは一様に内地や海外で、沖縄で暮らしたことのない方ばかりだ。

そんな彼らと同じ立場である私自身のことを言えば、沖縄系であることは意識しているが、「沖縄人」だと言い切ることはできない。しかし、「沖縄農場」では、そこで生まれ育った第二世代にまで「沖縄人」であると自覚させる環境があったということになる。このことは、永丘智太郎が戦中に海外の植民地を視察して見出した「民族の自立」に通底するものなのではないかと考えている。だが、そのコミュニティーも空港の建設によってばらばらになってしまった。

終戦直後、政府は食料不足を解消するため、全国各地の国有地を開放して、多くの開拓農民を入植させている。そのひとつが「下総御料牧場」の開放であり、「沖縄農場」の誕生だった。戦後開拓は、緊急に食料を確保するための国策でもあった。そして、入植からわずか二〇年後、「沖縄農場」のあった三里塚は新空港の建設という国策で翻弄される。

原発の再稼働や辺野古の新基地建設。一つひとつ挙げていけばきりがない。国や政府は、それらの事業を実施する理由として、「国民に利益をもたらす事業なのだから、多少の犠牲はやむをえない」と考えているのだろう。

三里塚で長きにわたった闘争から学べることは数多くある。住民の声を聞くという民主主義的プロセスを怠ったからこそ起きてしまった過ちが、半世紀以上たった現在でも繰り返されている現実。その結果、しわ寄せをくうのは現地の弱者ということになる。

「沖縄農場」の取材をとおして常に感じていたのは、入植者同士の人間関係の濃密さだった。久米島出身の親戚たちばかりでなく、多くの入植者たちが「沖縄農場」の団結力が強かったことを語っていた。

現在では、「沖縄農場」のような濃密な人間関係は敬遠されがちだ。しかし、沖縄から遠く離れた内地に暮らし、近隣に頼る人のいなかった彼らは、経済的にも精神的にも団結しなければやっていけない状況に置かれていた。

かつて「沖縄農場」に暮らしていた入植者たちは三里塚を離れ、千葉県内をはじめ、各地に生活の根を下ろしている。だが、その人間関係の濃密さゆえに、入植以来七〇年近い年月を経ても、私はかつての入植者たちと連絡を取ることが可能だった。かつての入植者たちの連絡先は、吉岡みな子さんが教員を退職後に作成した「下総開拓農業協同組合員」の名簿が頼りだった。これがなければ取材が先に進むことはなかった。吉岡さんをはじめ、時間を割いて取材に応じてくださった「沖縄農場」の皆様に感謝申し上げます。

また、二〇一六年一一月、取材途中の経過報告という形で、沖縄県の地元紙「沖縄タイムス」で五回にわたり「開拓村　沖縄農場の軌跡」として、連載の場を設けていただいた。さらに二〇二五年にはふたたび紙面とウェブで連載させていただいた。歴代の文化部とウェブ版担当者の皆様に感謝申し上げます。

そして最後に、ここまで読んでいただいた皆様に感謝申し上げます。

二〇二五年三月

新垣　譲

1946 年 4 月頃に撮影された厩舎前での集合写真。
3 列目中央の白いシャツを着ているのが与世盛智郎。最後列の左から 2 人目が新垣盛克
（『入植 20 周年記念アルバム』より）

「沖縄農場」関連年表

1945年	4月頃、与世盛智郎帰国
	8月15日、第二次世界大戦終戦
	9月19日、与世盛智郎、宮内省に「願書」提出
	10月1日、「財団法人沖縄協会」設立
	11月9日、「緊急開拓事業実施要項」閣議決定
	12月9日、「沖縄人連盟」結成
1946年	1月、宮内省「下総御料牧場」の解放を決定
	2月1日、「財団法人沖縄協会」永丘宛てに100町歩払い下げるとの通達
	3月6日　与世盛智郎、三里塚に先遣隊を派遣。以降、この日が入植記念日となる
	3月16日、千葉県知事より天浪地区への入植許可下りる。「沖縄農場」誕生
	「沖縄開拓農業協同組合」設立
1947年	二次開放。木ノ根、長原、大清水払い下げ
1948年	三次開放。針ヶ沢払い下げ
	長原に澱粉工場設立
1950年	与世盛智郎離村　ハワイへ
	「沖縄開拓農業協同組合」から「下総開拓農業協同組合」に改組
1951年	「沖縄農場」に電気開通
1952年	澱粉工場営業停止
1954年	3月31日、1町6村が合併し成田市誕生。「三里塚」が地名になる
1960年	11月12日、永丘智太郎逝去
1963年	シルクコンビナート事業の構想が立ち上がる
1965年	11月18日、政府、新空港建設地を冨里・八街エリアに内定するも反対運動で撤回
1966年	6月22日、新空港建設地「三里塚案」を表明
	6月30日、シルクコンビナート事業が中止に
	7月4日、三里塚に新空港の建設を閣議決定
	8月、三里塚・芝山連合空港反対同盟結成
1968年	「入植20周年記念アルバム」完成
1969年	8月18日、「下総御料牧場」閉場
1971年	9月16日、東峰十字路事件で機動隊3名が死亡
1972年	与世盛智郎、久米島本願寺建立
	5月15日、沖縄返還
	12月3日、「沖縄農場」解散式
1978年	5月20日、新東京国際空港開港

新垣 譲（あらかき・ゆずる）

1964年、東京都板橋区生まれ。雑誌編集者を経てフリーランスのライター。著書に『にっぽん自然派オヤジ列伝』（山海堂）、『東京の沖縄人』『勝利のうたを歌おう』（以上、ボーダーインク）など。共著多数。現在は千葉県銚子市在住。

論創ノンフィクション 062
地図から消えた「沖縄農場」
空港建設で潰された千葉県三里塚の開拓村

2025年5月1日　初版第1刷発行

著　者　新垣 譲
発行者　森下紀夫
発行所　論創社
東京都千代田区神田神保町 2-23　北井ビル
電話　03（3264）5254　振替口座　00160-1-155266

カバーデザイン　奥定泰之
組版・本文デザイン　アジュール
校正　小山妙子
印刷・製本　精文堂印刷株式会社
編　集　谷川 茂

ISBN 978-4-8460-2473-4 C0036